生物发酵床养猪技术

SHENGWU FAJIAO CHUANG YANGZHU JISHU

主　编／段淇斌

副主编／冯　强

兰州大学出版社

图书在版编目(CIP)数据

生物发酵床养猪技术/段淇斌主编. —兰州:兰州大学出版社,2012.10
ISBN 978-7-311-03390-3

Ⅰ.①生… Ⅱ.①段… Ⅲ.①微生物—发酵—应用—养猪学 Ⅳ.①S828

中国版本图书馆 CIP 数据核字(2012)第 255570 号

责任编辑　张　萍
封面设计　刘　杰

书　　名	生物发酵床养猪技术
作　　者	段淇斌　主编
	冯　强　副主编
出版发行	兰州大学出版社　（地址:兰州市天水南路 222 号　730000）
电　　话	0931-8912613(总编办公室)　0931-8617156(营销中心)
	0931-8914298(读者服务部)
网　　址	http://www.onbook.com.cn
电子信箱	press@lzu.edu.cn
印　　刷	兰州德辉印刷有限责任公司
开　　本	880 mm×1230 mm　1/32
印　　张	4
字　　数	91 千
版　　次	2013 年 1 月第 1 版
印　　次	2013 年 1 月第 1 次印刷
书　　号	ISBN 978-7-311-03390-3
定　　价	16.00 元

（图书若有破损、缺页、掉页可随时与本社联系）

序

　　近年来,随着市场刚性需求量增大、粮食产量增加和一系列强农、惠农、富农政策的实施,畜牧业作为农村经济的重要组成部分,发展呈持续稳定、健康发展态势,畜牧业产值在我国农业总产值中已形成三分天下有其一的局面,正在由数量型向质量效益型过渡转变。全国畜牧业发展的"十二五"规划明确提出,要按照高产、优质、高效、生态、安全的要求,紧紧围绕"保供给、保安全、保生态"三大任务,稳步提高畜产品综合生产能力,为农业农村发展提供有力支撑。

　　在快速发展、转型跨越的进程中,影响畜牧业良性发展和畜产品安全的诸多问题逐渐暴露,突出表现为养殖技术传统粗放、环境污染严重、饲料资源短缺、疫病风险难控、肉品药残含量高等,这些问题的出现也促使现代畜牧业必须走资源节约型、技术密集型和环境友好型的路子,科学实用的生态养殖技术的开发与应用势在必行。

　　生物发酵床养殖是近年来兴起的一项生态养殖技术,以其"三省、两提、一增、零排放"的优点,落实了动物福利养殖、无公害绿色养殖和环保生态养殖的新理念,推广应用价值高。

　　甘肃省自2007年引进该技术后,省农牧厅外资项目管理办公室本着科学、严谨、专业、务实的态度,积极组织技术人员,开展相关试验研究,形成了一整套适宜于干旱半干旱地区生物发酵床养猪的技术理论和实践经验,并编撰成书,供广大养殖户借鉴使用。

　　本书对生物发酵床养猪技术在干旱半干旱地区的应用进行了全面阐述,具有很强的针对性、实用性和操作性。希望本书能够真正成为广大养殖户、畜牧技术推广人员和生产管理人员的良师益友,以便更好地推进生物发酵床养猪和生态环保养殖事业的发展。

　　是以为序。

武文斌

2012 年 9 月

前　言

　　传统养猪业在发展过程中面临的效益低下、环境污染、疫病多发及肉品质量安全等问题越来越受到社会各界的广泛关注,广大科研技术人员以实现"高产、优质、高效、生态、安全"的养猪技术为很长时期内的工作重点。近年来兴起的生物发酵床生态养猪技术以其"三省(省水、省料、省劳力)、两提(提高抗病力、提高猪肉品质)、一增(增加养殖效益)、零排放(无污染、实现粪污零排放)"的优点,有效破解了养猪业面临的发展瓶颈,既有利于改善猪的生产生活环境,提高猪的综合生产能力,又有利于猪肉产品质量安全,是实现健康、高效、生态养猪的一条有效途径。

　　生物发酵床养殖技术自 2007 年引入甘肃后,甘肃省农牧厅外资项目管理办公室即组织人员,设列课题,开展相关试验研究,并将研究成果在全省范围内示范推广,效益显著,深受养猪户欢迎。为进一步深化该项技术在甘肃的有效应用,在进行研究推广的同时,我们编写完成本书,对生物发酵床养猪的主要环节、关键技术和生产中的成功经验进行了全面阐述。

　　本书查阅大量相关资料,立足甘肃省养猪生产实际,力求理论和实际相结合,科学性、使用性和适用性相结合,内容丰富翔实。主要内容包括生物发酵床养猪技术原理、场址选择与建设、生物发酵床建立、日常维护与管理、发酵床条件下猪病防治及发酵床养猪效益分析等,并制定了《干旱半干旱区生物发酵床育肥技术操作规程》、《干旱半干旱区生物发酵床保育猪技术操作规程》和《干旱半干旱区发酵床猪病防控技术规程》，是广大农村养殖户、基层技术推广人员的良师益友，也可供教学和生产管理人员使用。

由于生物发酵床养殖技术引入国内和甘肃的时间相对较晚，我们开展的相关工作起步较晚，范围较窄，层次尚浅，加之编写人员水平和经验有限，纰漏和错误之处在所难免，敬请广大同仁和读者批评指正。

编　者

2012 年 10 月

目　录

第一章　生物发酵床养猪技术原理

第一节　生物发酵床养猪技术起源

一、生物发酵床养猪历史

人类养猪的历史已有 2000 多年，原始养殖方式多以放牧为主。猪与大自然紧密接触，采食天然植物、动物、矿物质和水，猪的排泄物在自然环境中被微生物降解转化，肥沃了土壤，为植物提供了营养。

随着人类社会的不断发展以及人们需求的日益提高，养猪业面临的环境污染、疫病防控及肉品质量安全、效益低下等问题越来越突出，世界各国都在积极探索生态、安全、优质、高效的新型养猪技术。近年来兴起的发酵床养猪技术以其"三省(省水、省料、省劳力)、两提(提高抗病力、提高猪肉品质)、一增(增加养殖效益)、零排放(无污染，实现粪污零排放)"的优点，在很多国家和地区被推广应用。

其实，在我国几千年的养猪历史中，农村地区曾经广泛应用的原始畜禽饲养方式，就是利用草皮、秸秆等垫圈养畜，主要的目的是抵御寒冷和减少潮湿，一段时间后集中清理这些垫料沤制粪肥。国外如瑞典、美国、澳大利亚等国，在 20 世纪也曾流行用麦秆作为垫料养猪，这些都可看作发酵床养猪的雏形。

发酵床养猪技术的起源说法不一，有的说是 20 世纪 70 年代日本民间发明的,也有的说是起源于中国民间然后由日本人创新发展的,而关于瑞典人发明的说法更多:20世纪60年代瑞典的一个农民发明了一种厚麦秆作为垫料养猪的方法,当时应用的人并不多。20世纪80年代,瑞典在全世界首次规定不允许在饲料中添加抗生素,这就导致了养猪生产过程中猪病的增加,由于发酵床养猪技术可以降低仔猪的死亡率,有利于环保,可提高猪的福利待遇,于是迅速地得到了应用,并且被英国、美国、加拿大、澳大利亚、日本及中国台湾所应用。

二、生物发酵床养猪现状

当前,欧美一些国家和日本、韩国及中国台湾地区正在大力研究和普及推广应用这一新型的养猪技术。目前,我国发酵床养猪技术正处于研究和推广应用阶段。据报道,主要实施地有黑龙江、吉林、辽宁、山东、北京、河北、宁夏、甘肃、河南、湖北、浙江、江西、湖南、福建、广西、四川、云南、新疆等近20个省市区。随着生态养猪在各地的推广,各地媒体也竞相对这种新型的养猪技术进行跟踪报道:《普兰店打造首个发酵床养猪示范场》、《"零排放"养猪企业落户江西洪都》、《安徽大力推广发酵床生态养猪技术》、《生态养猪拉动新疆建设兵团七十二团养殖业迅速发展》、《提高饲养效率和猪肉品质的新型养殖技术》等屡见不鲜的标题陆续出现在各地的报纸、电视节目上。目前,使用发酵床技术养猪的地区以山东、福建、东北为中心向四周扩散,在全国遍地开花,各地政府机构也在积极引进并推广。

甘肃省于2007年首次在定西引进生物发酵床养猪技术。此后,全省各地均有所发展。通过这几年的研究与示范,目前基本上形成了以定西为代表的干旱半干旱区生物发酵床养猪技术,该地区发展发酵床养猪已经具备以下优势。

（一）资源优势

近年来，随着甘肃省全膜覆盖玉米的大面积种植，全省每年种植玉米 1000 万亩以上。目前定西市安定区以紫花苜蓿为主的多年生牧草留床面积达到 55.3 万亩，以高粱、燕麦等为主的一年生牧草种植面积每年都保持在 5 万亩以上，以玉米为主的一年生牧草种植面积每年稳定在 35 万亩以上，优质牧草种子繁育基地 2.6 万亩，农作物秸秆及其副产品年供应量在 55 万吨以上，其中可利用玉米秸秆 30 万吨，但秸秆的利用率仅为 30% 左右，大多囤积在田间地头或用于烧火做饭，既造成环境污染又浪费资源。生物发酵床养殖技术的推广，利用秸秆等作为垫料资源，可解决田间地头秸秆大量堆积或焚烧造成的环境污染，达到变废为宝的目的，有利于促进当地可持续生态循环农业的发展。

（二）技术优势

自甘肃省外资管理办公室于 2008 年首次立项研究生物发酵床技术以来，全省范围内对该项技术的研究与应用不断开展，甘肃农业大学、甘肃省畜牧管理总站相继列项开展研究与试验，各地州市科技部门也均列项开展试验研究，并相应取得了一批研究成果。这些研究成果的取得，为进一步推广生物发酵床养猪积累了较为丰富的经验。

第二节 生物发酵床养猪技术概念

生物发酵床是微生物分解粪尿等有机物的场所。发酵床养猪以发酵床制作为基础，利用发酵床上的菌种和猪的拱掘习性，使猪的粪尿分解，为猪提供一种自然、健康、生态、新型的养殖方式。在此过程中，发酵床对猪的粪尿分解利用，省工省料，且可降低养殖成本。当前，社会上宣称的"自然养猪法"、"生态养猪法"、"零排放养猪法"、

"懒汉养猪法"等,都是发酵床养猪技术在各地的形象叫法。

　　生物发酵床养猪技术是一项集好(有)氧发酵技术、微生态理论和猪舍环境调控技术为一体的系统工程,是一种在传统生产模式上加科技创新的养殖模式。现推行的饲养模式主要是在猪舍内设计建造 80～100 厘米的地下或地上式垫料坑,在其中填充锯末、稻壳或者是秸秆等农副产品垫料,按比例加入专用微生物制剂对垫料进行发酵,形成有益菌繁殖的小环境,抑制和分解有害菌(包括细菌和病毒)。猪粪尿直接排放在垫料上,发酵床菌种对粪尿加以分解,同时粪尿中的成分可加速垫料微生物的发酵,为猪越冬提供热量;发酵床的应用恢复了猪的拱食习性,为猪创造更多的福利条件;猪采食发酵产生的菌体蛋白,可补充猪所需的部分营养;垫料一般 2～3 年根据需要清理一次,是高档的有机肥料;整个饲养过程低排放、臭味轻、污染小。

　　发酵床养猪技术从猪舍建设、垫料原料的选择、日常管理、菌种选择、饲料配置、疾病防控以及环境控制等方面提出了新的要求:一方面,制作的发酵床要为有益的微生物发酵提供良好的培养条件,使其迅速有效分解猪粪尿;另一方面,猪舍设计要保证为猪提供良好的生活环境,以满足不同季节、不同生理阶段猪的需要,达到增加养猪效益的目的。发酵床养猪技术不仅是一项养猪技术,亦是一项环保技术。

第三节　生物发酵床养猪技术原理

　　发酵床养猪是一种新型的养猪模式,即利用一些高效有益微生物为菌种,与锯末、稻壳、玉米秸秆等为垫料制作发酵床,充分利用生猪的拱掘习性、人工辅助翻扒等,使猪粪尿和垫料充分混合,微生物分解利用猪排放在发酵床上的粪尿等排泄物,降低排泄物中病原菌的浓度,减少病原菌致病率。由于生物发酵床上发酵微生物等有益菌大量繁殖, 使有益菌成为圈舍内优势菌群, 形成阻挡病原菌的天然屏障, 使猪产生特异性免疫反应, 从而使猪能够形成坚强的抵抗力。通过有益微生物的发酵, 猪粪尿中的有机物质得到充分的分解和转化。发酵菌种的不同,垫料中优势菌群的类型亦有不同。目前国内研究较为广泛的菌种有以下几种。

一、芽孢杆菌

猪将粪尿直接排泄于发酵床,垫料中以芽孢杆菌为主的有益微生物将猪粪中的营养物质和有害成分分解为二氧化碳和水等。猪粪的主要成分包括纤维素 (17%)、半纤维素 (20%)、粗蛋白(12%)、粗脂肪(5%)、木质素(5%)、粗灰分(17%)。菌种生长的同时会产生蛋白酶、脂肪酶、纤维素酶等高活性的胞外酶,可迅速分解粪尿中的粗蛋白、粗脂肪和半纤维素为短肽、氨基酸和单糖等小分子物质,这些物质被优势有益菌群吸收用于菌体的生长和繁殖;而难分解物质纤维素和木质素滞留为垫料的一部分。图 1-1 展示了发酵床养殖中猪粪的分解过程。

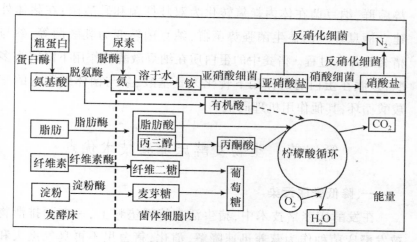

图 1-1 发酵床猪粪分解过程

在这些菌中,芽孢杆菌对猪粪的分解起到了关键作用,它能够分泌高活性的胞外酶,如蛋白酶、脂肪酶、淀粉酶和纤维素酶等。猪粪中的蛋白质在蛋白酶作用下分解为寡肽和氨基酸,其可以作为营养物质被微生物吸收利用,也可以经过脱氨作用生成氨气,在垫料原籍菌亚硝酸细菌和硝酸细菌的作用下发生硝化作用生成硝酸盐,部分硝酸盐和亚硝酸盐可由反硝化细菌发生反硝化作用生成氮气。猪尿中的尿素在微生物脲酶的作用下分解产生的氨,进行硝化和反硝化作用转化为氮气释放。脂肪酶将脂肪分解为丙三醇和脂肪酸,作为垫料中的微生物利用的碳源,有氧条件下可彻底分解为二氧化碳和水。猪粪中的纤维素分解困难,在纤维素酶的作用下与垫料中的纤维素一同缓慢分解。发酵初期,垫料中含有的少量淀粉可以在酵素高活性淀粉酶的作用下分解为葡萄糖,作为微生物代谢的能量。

二、纳豆菌、酵母菌(洛东酵素)

在洛东酵素生物发酵床养猪技术中,洛东酵素的使用,从猪体内、体外双重阻断病源微生物的入侵,在猪体内建立益生菌强势菌群,纳豆菌在体内耗氧转化为双歧杆菌和乳酸菌;在猪体外建立栖息环境的益生菌强势菌群,纳豆菌转变为乳酸菌等,参与猪粪的分解过程。猪粪中的蛋白质在纳豆激酶的作用下降解为多肽,多肽在蛋白酶的作用下转化为氨基酸,参与菌体细胞内的三羧酸循环,其他作用机理同上。

第四节　生物发酵床养猪技术优点

一、降低粪尿污染

在发酵床养猪技术中,猪生活在特殊垫料上,一方面排泄物被发酵床菌种作为营养迅速降解、消化,猪舍里不再臭气熏天和蝇蛆滋生,解决了过去长期困扰人们的粪便处理难题。这不仅改善了猪场本身的环境,而且也有利于生态建设。另一方面排泄物被分解利用,无需对粪尿清扫冲洗,不会产生大量的冲圈污水,可达到养殖低排放、低成本的目的。

二、提高猪肉品质

发酵床养猪技术要求配套特殊猪舍。猪舍通风、透气,光照、温湿度均适合猪生长,再加上猪运动量的增加,均符合动物福利要求,猪获得了如图 1-2 的诸多权利,恢复了猪的天然生长环境,使其机体抗病力增强,发病率减少,从而不再滥用抗生素等药物,提高了猪肉品质,生产出了真正意义上的有机猪肉。

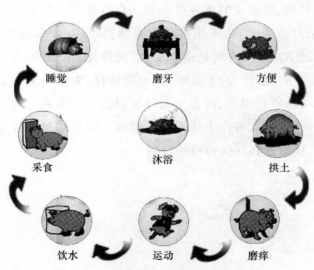

图 1-2　发酵床养猪使猪获得的权利

三、提高生产效率

一是发酵床养猪技术不需要用水冲洗猪舍,不需要每天清扫猪粪,所以节省了大量的水资源和劳动力。据研究,仅打扫猪舍一项就可以节约劳动力近 50%,节约用水 70%~90%。用这种技术,一个人可以饲养 500～1000 头育肥猪或 100～200 头母猪。这对于提高养猪的规模化水平和实现产业化具有重要意义。二是猪获得较多的天然生长条件,发病率降低,在治病方面的投入减少。三是发酵床养猪技术克服了冬季寒冷对养猪的不利因素,提高了冬季饲养育肥速度,节约了能源,提高了效益。四是猪通过采食发酵床上发酵产生的菌体蛋白,满足其部分营养需求,节约了一部分饲料。据试验证明,生物发酵床饲养育肥猪,每头猪可节约饲粮 25 千克,平均饲养期可以缩短 10～15 天,头均增收约 100 元以上。

四、生态环保养殖

锯末、稻壳、小麦壳、玉米秸秆等农业废弃物均可作为垫料原料加以利用,形成发酵床发酵基质。在以定西为代表的干旱半干旱区,秸秆资源丰富,采用发酵床养猪技术,在发酵床垫料中,玉米秸秆以 20%～30%的比例添加,以此推算,每 20 平方米的发酵床可以使用 700 千克(1 亩地)的玉米秸秆,为干旱半干旱区乃至全国提高秸秆利用率、改善生态环境提供了一条新的途径。垫料使用 2～3 年后又可作为优质有机肥料,实现了种植业与养殖业的双赢,从而达到环保养殖的目的。

第二章　发酵床养猪场址选择 与猪舍建设

第一节　发酵床养猪猪场场址选择

发酵床养猪建筑设计同传统集约化猪场场址无多大差异,但因其自我净化和环境调节能力较强,在场址选择时比传统猪舍更趋灵活。主要综合考虑以下几方面的内容。

一、位置

确定场址的位置,主要遵循便利、环保、安全的原则。供电设施的建设、水源的保障、建设期原材料的供应以及饲料原料的运输、猪的购进售出等环节费用在整个养殖场的生产运营中占有相当的支出比例。因此,应选择交通方便、电力充足的地方建场。一般要求距离畜产品加工厂至少1000米,距离主要公路300米以上,距离一般公路100米以上,距离最近的村庄至少1000米且处于下风向,远离饮用水水源地但引水方便,方便铺设的专用猪场通道与交通要道相连接。避开高压线直接在猪舍上方通过。猪生长的安全性是在场址选择时需要考虑的重要因素,要远离近两三年发病区域,远离生猪批发市场和屠宰加工企业等。

二、地势与地形

发酵床猪场场址要选择在地势高、地形平缓的地方。猪场至少要高出当地历史洪水水位线,地下水位不宜过浅,至少在3米以上。地下水位比较高的地方要考虑选择地上式发酵垫料池,因为地势低洼或地面潮湿有地下水渗出时,病原微生物与寄生虫容易滋生,导致发酵垫料霉变而丧失发酵能力,滋生细菌而引发猪群疾病的频繁发生。地形平缓主要基于两个方面的考虑:方便排水和空气流动顺畅。平原地区宜选择在地势较高、平坦且有一定坡度的地方,以便排水、防止积水和泥泞,地面坡度以 1%～3%较为理想。山区则宜选择在向阳坡地,不但利于排水,而且阳光充足,能减少冷气流的影响。另外,地形宜开阔整齐,这样便于建筑物的合理布局、场区的生产防疫及场地的充分利用。

三、土质

为了使发酵床垫料充分发酵,避免死角,延长使用年限,垫料池发酵床猪舍的土质要有一定的承载能力,透水性强,毛细管作用弱,吸湿性和导热性小,质地均匀。沙土对猪的生长发育不利,该土颗粒较大,夏季日照时散热大,再加上沙土的导热性强,热容量小,易增温,也易降温,昼夜温差明显;黏土的土粒细、孔隙小,透气透水性弱、吸湿性强、毛细管作用显著,所以黏土易变潮湿,常因阴雨造成泥泞不堪,有碍猪场工作的正常运行;沙壤土兼有沙土和黏土的优点,透气透水性良好,雨季不会泥泞,能保持场区干燥,土地导热性小,热容量较大,土温比较稳定,对猪的生长发育、卫生防疫、绿化种植都比较适宜。

四、水、电

发酵床养猪较普通水泥地面圈舍节约冲洗圈舍用水,用水仅限于人畜的饮用水、调节垫料湿度及绿化用水。水质要达到人畜饮水标准。由于猪舍多采用自然光线,猪场用电主要保证相关设施设备用电和夜晚照明用电即可。

第二节 发酵床养猪场总体布局

一、总体布局原则

发酵床猪场与普通养猪场总体布局无异,仍遵循四个有利于的原则,即有利于生产、有利于防疫、有利于运输和有利于管理。一是总体布局首先要满足生产工艺流程的要求,按照生产过程的顺序性和连续性来规划建筑物,达到有利于生产、便于科学管理的要求。二是布局必须将卫生防疫工作提到首要位置,保证正常的生产。即在整体布置上应充分考虑猪场的性质、猪体抵抗力、地形及主导风向等,满足防疫距离的要求;另外,还要采取一些外在的行之有效的防疫措施,尽量改善防疫环境。三是猪场日常运输任务非常繁忙,在布局上应考虑生产流程的内部联系和对外联系的连续性,保证运输方便、简捷。四是在总体布局上生产区和生活区位置要适中,既分隔又联系,环境要相对安静。

二、功能分区和布局方案

(一)功能分区

规模化的发酵床养猪场按建筑物类别划分为三个功能区,即生产区、辅助区和生活区。按照功能要求、主导风向、地形、猪体的防疫能力以及其在生产流程中的相互联系分区布局。猪场功能分区的一般要求:

1.种猪卫生防疫要求高,种猪场位于猪场上风向,地势高、干燥、阳光充足。

2.保育舍建在育成舍或育肥舍的上或侧风向,减少保育猪和育成猪的发病率。

3.辅助区位置居中,便于连接生产区和生活管理区。

4.生活区应布置在上风向或侧风向,并接近于交通干线。

5.病猪隔离治疗室、无害化处理室等应布置在远离猪舍的下风向地段。

(二)布局方案(参考)

按照养殖场分类的不同,常见的布局方案有以下三类:

1.专业性猪场分区布局方案(见图2-1)。

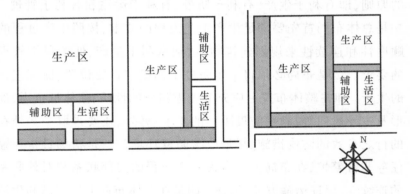

图2-1　专业性猪场分区布局

2.综合性猪场分区布局方案(见图2-2)。

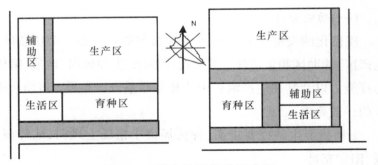

图2-2　综合性猪场分区布局

3.多点式分区布局方案(见图2-3)。

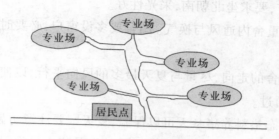

图 2-3 多点式分区布局

第三节 发酵床猪舍设计

发酵床养猪与传统猪舍设计比较,除猪场结构和功能上有所区别外,其他方面与传统猪舍建设相同,比如猪舍的朝向、风向、间距、栋距、走猪台、消毒区、隔离区、走道、供水系统、绿化区、办公区等。发酵床养殖会产生一定的发酵热等,因而对猪舍结构有一些特殊的要求。

发酵床养猪亦称生态养猪,其重要因素是:在猪舍设计上尽可能利用自然资源,如阳光、空气、气流、风向等自然元素,尽可能少地使用如水、电、煤等现代能源物质;尽可能多地利用生物性、物理性转化,尽可能少地使用化学性转化。发酵床猪舍设计一是有利于发挥生物发酵作用,节约劳动力,提高工作效率;二是有利于控制猪的适度密度;三是有利于各类猪的生长发育,尽量改善舍内的气候及环境条件;四是控制适宜的生产成本。

一、发酵床养猪猪舍设计的基本原则

1.严格按照饲养的工艺流程和防疫等要求进行设计。如配种舍（种公猪和空怀母猪）→妊娠舍→分娩舍→仔猪保育舍→生长猪舍→育肥猪舍,种猪舍位于上风向,育肥猪舍位于下风向。

2.要求地势高,土壤适合建筑。圈舍选在地下水位低,地势开

阔的地方,要求坐北朝南,采光性好。

3.注重舍内通风与换气。圈舍要多设窗户,必要时可以装电动排风扇。

4.猪舍的走向,尽量与夏天最多的风向平行,以使风能从猪舍中纵向通过。

5.生态垫料养猪冬天可以保温,夏天则要注意防暑降温。如顶部要用不透光和反光的遮阳布,同时为了防止早晚斜阳照射引起温度过高,在猪舍的东西两面,特别是西面,使用帘布或黑篷布遮阳,也可以种植阔叶树木。

二、舍内外环境对猪舍的设计要求

猪舍的环境指标,主要指温度、湿度、气体、光照以及其他一些影响环境的卫生条件等,是影响猪生长发育的重要因素。为保证正常的生活与生产,必须人为地创造一个适合猪生理需要的气候条件。

(一)温湿度

发酵床养猪法要求为不同生理阶段的猪提供适宜的温湿度(见表2-1)。舍内空气的相对湿度对猪的影响与环境湿度有密切关系。就算处于较佳温度范围内,舍内的相对湿度也不应过高或过低,适宜猪生活的相对湿度为60%～80%。在某些地区或季节,舍内的相对湿度偏高无法降低时,应采取措施增加或降低舍温及做好相关的卫生防疫工作,这样能确保猪的正常生产。高温、高湿的条件会使猪增重变慢,且死亡率高。有试验表明,在低温、高湿条件下,猪体热量散发加剧,致使猪日增重减少36%,产仔数减少28%,每千克耗料增加10%。

(二)光照

温和且适量光照对幼猪发育和成猪繁殖有利。幼猪经常接触阳光可增强血液循环,加速新陈代谢,促进细胞增殖和骨骼生长,从而提高发育速度。母猪经常接触阳光,可加速卵细胞的发育,促进发情排卵,提高繁殖力。但光照时间过长,会增加猪的活动量,对增重有影响。发酵床养猪过程中,应尽可能地合理利用自然光照,减少人工光照。

(三)气流

气流对猪的作用,主要是影响机体散热。在一般环境条件下,机体的对流散热和蒸发散热普遍存在,散热效果随气流温度的上升而下降。气流总是和温度、湿度一起协同作用于猪的机体,使冷热应激的程度得以缓和或加剧。当气流温度等于猪皮肤温度时,对流散热的作用消失;当气流温度高于猪皮肤温度时,机体通过对流得热;低温而潮湿的气流,能显著增加散热量,在寒冷季节,有可能把猪冻伤甚至冻死。发酵床养猪要求猪舍内气流可控,保证在高温季节猪舍内空气对流良好,达到降温的目的;低温时,排除湿气,且不带入过多的寒气。

表2-1　各阶段猪的适宜温湿度

猪别	出生时间	适宜温度/℃	适宜相对湿度/%
哺乳仔猪	出生几小时	32~35	60~70
	1~3天	30~32	
	4~7天	28~30	
	8~14天	25~28	
	15~25天	23~25	
保育猪	26~63天	20~22	60~80
生长猪	64~112天	17~20	
育肥猪	113~161天	15~18	
公猪		15~20	
产仔母猪		18~22	
妊娠空怀母猪		15~20	

（四）猪舍朝向

猪舍朝向的选择与当地的地理纬度、周边环境、局部气候特征及建筑用地等多种因素有关。猪舍朝向主要考虑两方面的因素：一是日照条件——充分利用太阳辐射热量。当猪舍屋顶等外围结构受太阳辐射时，舍内形成"温室效应"，温度升高。在寒冷季节，此辐射能是一种免费而有益的热能；在炎热的夏季，则成为舍内不利的余热。利用和限制太阳辐射热对猪舍环境的影响，需要采取多种措施，其中选择适宜的猪舍朝向、科学的结构设计是极为重要的。冬季它可以增加舍内温度，增强发酵菌活力，改善卫生防疫条件，减少能源消耗；夏季也可以最大限度地减少太阳辐射热，降低舍内温度。二是通风条件——合理利用主导风向。发酵床养猪法利用自然通风，夏季能获得良好的通风效果，冬季能减少冷风渗透。另外，可使猪舍排出的有害气体、尘埃借助舍外的自然风迅速扩散、排除。因而，猪舍朝向选定时，必须考虑舍外自然风的主导风向。

（五）通风

规模化发酵床养猪是相对高密度集约化饲养，必须借助自然通风和机械通风将有害气体排出舍外，换送新鲜空气。一方面调节猪舍内的氧气、温度和湿度；另一方面保证场区内空气洁净，降低相邻猪舍相互污染和疫病传染风险。

（六）猪舍间距

猪舍的间距主要考虑日照间距、通风间距、防疫间距和防火间距。一般自然通风的发酵床养猪猪舍间距取5倍以上屋檐高度，机械通风猪舍间距取3倍以上屋檐高度，即可满足日照、通风、防疫和防火的要求。但在确定间距过程中，防疫间距极为重要，实际所取的间距要比理论值大。我国一般猪舍间距为10～14米，上限用于多列式猪舍或炎热地区双列式猪舍，其他情况一般为 10～12 米。

（七）猪场道路

猪场道路在总体布局中占有重要地位。发酵床养猪猪场净道与污道要明确分开。饲料与病死猪运送通道避免交叉。工作人员尽量不要穿越种猪区，并以最短路线到达各个猪舍。

三、猪舍形式与结构

（一）猪舍形式

猪舍的建造形式一般是根据地形条件、生产工艺和管理要求而定。目前在干旱半干旱地区主要采用单列式和双列式建造形式。不管采用哪种排列方式，都要尽可能将猪舍有效使用面积最大化。

1.单列式猪舍

猪舍按适宜的间距依次排列成单列，组织比较简单，净道污道分开，互不干扰（见图2-4）。

图2-4　单列式发酵床猪舍设计实景图

2.双列式猪舍

猪舍按适宜的间距依次排列成两列,当猪舍栋数较多时,排列成双列可以缩短纵向深度,布置集中,供料路线两列共用,电网、管网等布置路线短,管理方便,能节省投资和运转费用(见图2-5和图2-6)。

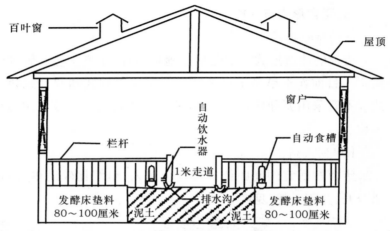

图 2-5　双列式发酵床猪舍设计图

图 2-6　双列式发酵床猪舍设计实景图

(二)猪舍结构

1.生物发酵床猪舍基本结构

生物发酵床养猪对猪舍的结构要求与传统猪舍基本一致,由于发酵床上发酵会产生热量,设计的特殊之处在于要增加前后空气对流窗,保持舍内外空气流通,调节舍内温度适宜。另外,要合理设置垫料池。按猪的生长发育阶段及用途,分别建造各种专用猪舍,如育肥猪舍、保育猪舍、母猪舍等。基本结构为:在猪舍内设置1米左右的人行过道,方便进猪和进料,设置1.5～2.0米的水泥饲喂台。设置水泥饲喂台的目的:一是防止垫料污染饲料,影响采食量;二是夏季高温季节为猪提供一个度夏平台;三是有利于生猪肢体发育,这一点对于种猪饲养尤其重要。与饲喂台相连的是发酵床,墙体南北设较大的通风窗,房顶设通风口,推荐使用自动料槽和自动饮水器。

(1)发酵床育肥舍

单列式发酵床猪舍阳光充足,一般比较适合猪的育肥。在猪舍背阴处设置1米的人行过道,1.5～2.0米宽的水泥饲喂台。水泥饲喂台有向人行过道的倾斜面,防止猪饮水时将水撒到发酵床面上,影响发酵床水分含量。剩下的区域为垫料池。

育肥舍一般是坐北朝南;猪舍跨度是8～11米,猪舍房檐离发酵床面高度为2.0～2.5米;南面墙体设为开放式;北面采用上下两排窗户,也可采用和南面同样模式的大窗户,房顶设通风口。为降低猪舍的建造成本,除发酵床外,育肥猪舍也可采用塑料覆膜大棚式的结构。也可对现有猪舍进行改造,在设计时符合夏季通风、降温,冬季保温、除湿条件即可。

(2)发酵床母猪舍

母猪舍又分为妊娠猪舍和分娩猪舍,均可参考育肥猪舍外形结构。其建筑跨度不宜太大,以自然通风为主,充分利用空气对流,结合当地太阳高度角及风向等因素建造。

①妊娠猪舍,单列式妊娠猪舍坐北朝南,猪舍跨度为8～11米,北面采用上下两排窗户,南面可全部敞开,猪舍房檐高度为2.0～2.5米。双列式的基本结构与单列式的一样,为了保证光照的

充足,房顶南面可使用采光板。与育肥猪舍不同之处在于,饲喂台上设置了限位栏,防止猪吃料时,争抢挤压造成流产。

　　②产房,即分娩猪舍。发酵床养猪产房为扩大母仔活动范围,一般有如下四种模式(图 2-7):一是(图 2-7a)母猪、仔猪均在产床上,粪尿流入发酵垫料池。垫料池仅起到分解粪尿的作用。二是(图 2-7b)产床限制母猪,仔猪可以在产床或垫料池活动。增加了仔猪活动范围,恢复了其自然习性。仔猪可自由选择休息、活动区域。三是(图 2-7c)无限位栏,有饲喂台,母仔均可自由活动。四是(图 2-7d)母猪仅有一部分接触发酵床,但不能在发酵床上活动。

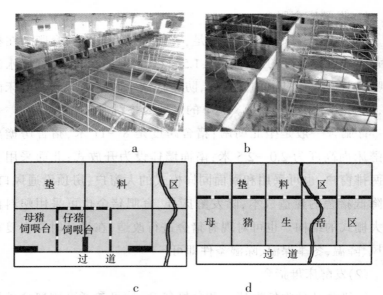

图 2-7　分娩猪舍模式

　　传统产房结构的改造:选择 220 厘米×180 厘米×100 厘米、离地面 35 厘米的传统产床改造而成。首先提升产床的支架高度到0.9~1.0 米,两侧后端仔猪围栏卸去,中间母猪尾端围栏保留,从整个产床的后 1/3 处即 60~80 厘米处开始设置垫料挡板,形成发酵床。母猪躺卧区后 1/3 及料槽下为漏缝地板,其余地方为水泥或铸铁地板。两侧仔猪栏后 1/3 板取消,前面围水泥或塑料挡板。垫料离产床 5 厘米,以方便粪便排泄在发酵床上。用铁丝网或木板搭靠在产床后面,以方便仔猪上下产床。

头对头式生态养猪产房垫料池的面积为 (130～140) 厘米×180 厘米(见图 2-8),尾对尾式的垫料池为(160～170)厘米×180厘米(见图 2-9)。在垫料区设置保温箱,内设取暖灯。由于发酵床本身发酵产生生物热,故可不再使用电热板。一般两窝仔猪公用垫料区,为进入保育阶段做准备。

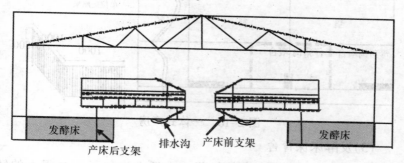

图 2-8 头对头式发酵床产房

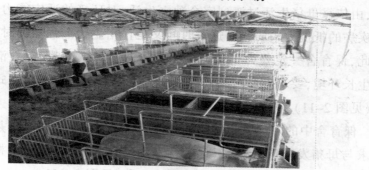

图 2-9 尾对尾式发酵床产房

新建产房,可采用妊娠分娩一体式活动栏自然产房(见图 2-10)。即将水泥饲喂台的宽度扩大到 2 米,建设一个可活动的 L 形栏,用以限制母猪活动。妊娠后期,用活动直角栏将母猪固定,下面垫木板防止母猪腹部温度下降造成流产。仔猪可由活动L形栏的缝隙中钻进吃奶。也可用活动L形栏固定仔猪,母猪、仔猪均可在发酵床上活动。值得注意的是,母猪躺卧区域不固定,仔猪在吃奶的时候,要防止母猪翻身压死仔猪。等仔猪断奶后,可将活动L形栏卸去,将仔猪转移到保育舍,留下母猪。或者是将母猪转移至妊娠猪舍从新配种,仔猪留在原有圈舍内,防止转移圈舍带来的应激反应。

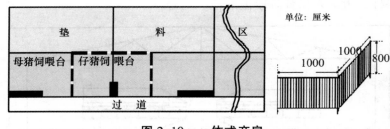

图 2-10　一体式产房

(3)发酵床保育舍

刚断奶后转入保育舍的仔猪,生活上发生了一个很大的转变,由依靠母猪生活过渡到完全独立生活,对环境的适应能力差,对疾病的抵抗力较弱,而这段时间又是仔猪生长最强烈的时期。因此,保育舍一定要为仔猪提供一个清洁、干燥、温暖、空气清新的生长环境,要求有专门的饲喂台和垫料区。一般采用双列式猪舍(见图 2-11)。

保育舍中的发酵床管理同普通育肥猪的发酵床管理。只是也要求与母猪发酵床一样,相对垫料表层的含水量要低一些,相对育肥猪发酵床表层的垫料要更为干爽一些(见图 2-12)。

图 2-11　发酵床保育舍

图 2-12　发酵床

2.发酵床猪舍内设施设备

(1)发酵床池

发酵床池一般为深 50～80 厘米的池子。它的面积为栏舍面积的 70%左右,池底不能硬化,直接在泥土上面放垫料。发酵床池四周墙壁用砖砌,用混凝土硬化坚固。余下面积应做硬化处理,成为硬地平台,供生猪取食或盛夏高温时休息。

(2)料槽

料槽选用自动喂料食槽。若修料槽,内部结构要呈梯形,上口宽 35～40 厘米,下口宽 20 厘米,高 10 厘米。上口的外沿略高于内沿,下口要圆滑,不要有死角,以便猪采食(见图 2-13)。

图 2-13　料槽

(3)饮水和排水

管道要用无毒的材料,乳头饮水器要在整个管道的最低处,每 20 头猪安 1 个自动饮水器,距离地面为 10 厘米左右。饮水台呈斜坡状,饮水处低,靠近床面处高,并在低处设置管道向舍外排水,以防饮水流入发酵床。

(4)圈舍护栏

护栏分为内护栏和外护栏。内护栏指在发酵床上的护栏,其高 100 厘米,在水平线上 80 厘米、在水平线下 20 厘米;外护栏高 70 厘米,最低处距水平线 10 厘米,最高处距水平线 80 厘米。外护栏要以挂钩连接,这样可以省去猪圈小门。圈舍通栏都是发酵床面,中间隔栏使用钢管焊接成的围栏隔开各栏,坐在床面上,除了中间走道是水泥地面,每个猪栏靠走道这边仍然留 1.5～2 米的水泥地面,以便放置食槽和猪采食(见图 2-14 和图 2-15)。

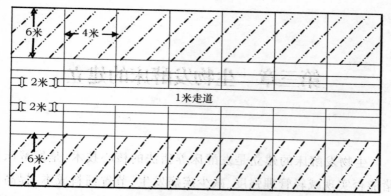

图 2-14　生长育肥猪发酵床栏平面布置图

图 2-15　圈舍护栏实景图

(5)通道

　　垫料每周需要翻动 1～2 次,同时还要调匀圈舍内猪的粪尿。养殖密度越大,利用频率越高,翻动的频率就越快。圈舍规模猪场在运转正常时,几乎每天都有垫料翻动作业,因此需要配备小型挖掘机等。圈舍建设时要留有挖掘机、饲养员、饲料推车及猪进出圈舍垫料区的通道。在一栋圈舍中,垫料区一般都是一个整体垫料池,每件猪栏都是用活动铁栏杆根据猪群大小来安装隔开的。当需要用挖掘机进入垫料区翻动垫料时,打开垫料池的机械通道隔板,垫料上的活动铁栏杆应该可以方便地拆卸开。

第三章　生物发酵床的建立

生物发酵床的建立是发酵床养猪法的核心技术,是发酵床养猪能否实现减轻管理强度、减少疾病发生、节省饲料成本、提高猪肉品质、增加养殖效益等技术的关键。主要技术包括垫料原料的选择、菌种的选用、发酵床的制作等。

第一节　生物发酵床垫料原料

根据生物发酵床养猪技术原理,发酵床养猪过程实际上就是将各类发酵床垫料原料组合,创造条件使相关因子(温湿度和氧气条件以及营养物质含量等)适应有益微生物生长需要和养猪生产的过程。这就要求发酵床垫料原料的选择必须具有一定的保水性、透气性、营养性和耐分解性等特点。在生产中经常应用的垫料原料有锯木屑、稻谷壳、统糠粉、花生壳、玉米棒芯、玉米秸秆、小麦秸、树叶等。

一、生物发酵床垫料组成和作用

一般而言,发酵床垫料有垫料原料(包括透气性原料和吸水性原料)、营养辅料、菌种、水等,它们共同组成生物发酵床的基本成分,并在养猪生产中形成了发酵床微生态平衡这一小"生物圈"。

(一)垫料原料

发酵床垫料原料主要包括锯末、稻壳或花生壳、麦壳、玉米秸秆等农副产品。

1.锯末

锯末质地较细,主要成分是纤维素和木质素,吸水性强,能为微生物提供稳定的水源且不易被微生物分解,经久耐用,是发酵床的保水性原料。因此,在垫料中锯末是主要成分而不能缺少,当锯末原料确实不足时,可将各类细小树枝、木段粉碎利用。

2.稻壳或花生壳、麦壳、玉米秸秆等农副产品

稻壳及其他农作物秸秆等原料成分是纤维素、半纤维素和木质素,在发酵床中主要作用是疏松透气,为微生物提供氧气,是发酵床的透气性原料。根据生产实践,这些垫料原料既要有透气性又能耐腐败分解;因此,优先选择的顺序是:稻壳>花生壳>玉米秸秆>小麦秸>小麦壳>树叶。利用秸秆类原料时不能粉得过细也不能过长,以铡碎长度在 1 厘米之内为好,且用量不能大,否则,将影响发酵床正常功能的发挥。

(二)营养辅料

发酵床微生物的生存和繁殖需要有一定的营养源。在初始制作发酵床时,其营养源主要是装填垫料时加入的玉米面或麸皮,在正常生产中,主要来源于猪排泄的粪便。

(三)菌种

菌种是生物发酵床的发酵剂,直接关系到发酵床能否成功利用。在制作发酵床时必须选择优质菌种,并严格按其说明操作使用。

(四)水

任何生命活动都离不开水,同样发酵床微生物也只有在发酵垫料的适宜水膜环境里才能进行生命活动。通常,初始制作发酵床的垫料含水量以 50%左右为宜, 当水分含量大于 70%或小于40%时,由于垫料的通气性太差或太高,从而影响发酵效率。

二、生物发酵床垫料原料质量要求

制作生物发酵床,锯末、稻壳及其他农作物秸秆等生物发酵床垫料的基本原料,必须是新鲜无霉变的,没有经过任何化学药物、虫害等的污染,价廉且在当地宜于采购,并尽量选用耐腐败分解的原料,少用易腐败分解的作物秸秆和树叶等,以减轻填料劳动量。坚决不能使用人工合成的三合板、木工板等含有毒化学合剂或防腐剂处理的板材的锯末和用过农药还在药效期内的作物下脚料(如稻壳、作物秸秆等)。

三、常用发酵床垫料原料基本配方

近年来,甘肃省在推广发酵床养猪生产中总结出当地应用较好的垫料原料及其配方有以下几种:

(1)锯末 50%+稻壳 50%;

(2)锯末 50%+稻壳 20%~30%+玉米秸秆 20%~30%;

(3)锯末 50%+稻壳 25%+玉米秸秆 10%+小麦秸 15%;

(4)锯末 50%+稻壳 25%+玉米秸秆 15%+小麦秸 10%。

这几种配方中,第一种应用效果最好,床体蓬松,垫料不易分解转化,耐用性好,且分解粪便能力好,床体温度较恒定,但成本较高。其次为第二种配方。第三、四种配方虽然成本较低,但生产中相比第一、二种,易板结或发霉,床体温度不衡定,且垫料易分解,耐用性较差,增加了生产中装填垫料原料的次数,劳动强度增大。综合各种因素,当在锯末和稻壳原料充足且价格适宜的条件下,首选第一种配方;当稻壳价高且难以买到时可选择第二种配方,该配方不但成本较低,发酵效果较好,而且当地丰富的玉米秸秆也得到了合理利用。

第二节　生物发酵床菌种的选择与要求

菌种是生物发酵床的发酵剂,是直接关系发酵床能否成功利用的首要因素。目前,我国有数十家生物发酵床菌种的制作企业。发酵剂主要是由光合菌、酵母菌、乳酸菌、放线菌、芽孢杆菌等多种有益微生物菌群及其代谢产物(如消化酶、蛋白酶、淀粉酶、纤维素酶、氨基酸和维生素等)复合而成,其有效活菌含量每克或每毫升都在几亿甚至几十亿以上。为确保发酵床发酵效果,在选择发酵床菌种时要注意以下几点:

(1)首选有品牌或知名度大的公司的产品;

(2)选有产品批文、生产许可证和技术服务到位的公司;

(3)液体菌种最好不要选用(其保存期短,容易失效);

(4)土著菌最好不要选用(床体易板结和失败);

(5)选择操作简单、制作成本低廉的菌种产品。

近年来,甘肃省在生物发酵床制作中常用且效果较好的菌种有绿康奥生态宝(山东济南绿康奥生物科技有限公司生产)、活力99(江西宜春强微高新技术专利产品开发中心)、启明生物发酵床菌剂(湖北启明生物工程有限公司生产)、洛东酵素(福建洛东生物技术有限公司生产)和大北农微生态制剂等。不同的菌种在发酵床制作中技术要求都大同小异,具体操作方法不尽相同,因此,在发酵床制作中要严格按所用菌种说明操作。

第三节　生物发酵床的制作

生物发酵床制作过程其实是垫料原料与菌剂、水等配合而启动发酵的过程,其目的:一方面是在垫料中增殖相当数量的有益优势菌群;另一方面是通过发酵过程产生高温杀死或抑制垫料中的有害菌繁殖,为猪入舍创造适宜的发酵床生活条件。

一、发酵床制作的基本要求

让发酵床有益菌群产生高效的活力是发酵床制作的基本要求。实践表明,发酵床制作必须具备如下条件。

(一)高效的发酵菌种

发酵床养猪,猪的粪便能降解并产生大量热量的过程是有益微生物作用的结果。而发酵菌母种活力的高低又决定粪便分解和垫料发酵的效率。因此,发酵床制作的首要因素是选择在当地适用且高效的发酵菌种。

(二)具备一定的营养源

发酵床菌种生存和繁殖都需要有一定的营养源。发酵床菌种所需营养主要来源于垫料原料和猪粪便中易分解的有机物。在发酵床初始发酵时,常加入适量的营养物质,如玉米面或麸皮等能量性物质,发酵床就能正常发酵;否则,没有营养物质在内,将无法启动发酵。而在发酵床发酵并进猪后,由于猪的粪便持续产生,为发酵床菌种源源不断地提供了所需的营养物质,垫料就能持续的发酵产热。

(三)适合的含水量

任何生命活动都离不开水分,发酵床菌种是在发酵床垫料的水膜里进行生命活动。正常发酵床垫料含水量在50%左右为最好(表层垫料的含水量在30%,15厘米以下的应该为50%,50厘米以下的为60%),含水量过高或过低均不利于发酵。

(四)疏松透气的条件

由于发酵床菌种多为好氧性微生物,只有垫料本身透气性好,才有利于垫料发酵微生物的活动和繁殖,利于粪便的分解;否则,则使厌氧性微生物活动加强,不利于粪便及垫料的分解。平时,垫料维护中的翻耙、深翻等都是为了调节发酵床的透气状况,以改善垫料原料的透气性。

（五）中性—微碱性环境

发酵床中菌种多是需要中性—微碱性环境,即 pH 值在 7.5 左右最为适宜,过酸(pH<5.0)或过碱(pH>8.0)都不利于猪粪便的发酵分解。猪粪便分解过程产生有机酸,在区域内 pH 值会有所下降。正常的发酵垫料一般不需要调节 pH 值,靠其自动调节就可达到酸碱平衡,人工翻耙垫料或其他措施(如分散或深埋过于集中的粪便)也可调节其酸碱度,以适应发酵床菌种的均衡生长。

（六）适宜的垫料厚度

发酵床垫料厚度一般要求为 60～80 厘米 (不得低于 50 厘米),占地面积越大越好。如果垫料太薄,占地面积太小,发酵床产生的热量散失快,发酵床垫料自身调节力差,难以达到适宜的恒定温度,若人为管理跟不上,易造成死床或过热失效,发酵床使用期降低,相对增加了劳动量和生产成本。

二、发酵床制作步骤

发酵床制作步骤包括垫料原料用量计算、制作流程、制作的质量测定等。

（一）垫料原料的用量和用法

1.垫料原料用量

一般深 80 厘米、面积 1 平方米的发酵床需要混合垫料 130 千克左右,因使用垫料原料的水分含量、配方等不同有一定差异。干的稻壳、锯末和农作物秸秆都较疏松,通常情况下,经生物发酵处理后,会下沉 10 厘米左右,且当发酵好的垫料经猪踩踏后,还会下沉。因此,在计算实际垫料的用量时,还应当充分考虑垫料的沉降部分,垫料原料应多预算 20%,以备补充。

2.垫料原料用法

垫料原料用法,一般是将各类原料充分混匀后,拌入水、菌种和营养性原料等发酵即可。而作物秸秆,特别是玉米秸秆常有两种用法:一种是将秸秆铡碎至1厘米左右与锯末、稻壳等垫料拌均匀使用;一种是将长秸秆直接铺在垫料底层,厚10～20厘米,通常以前者用法为主,也可两种方法结合使用,以充分利用当地丰富的玉米秸秆,减少锯末和稻壳等价格较高原料的用量,进而降低发酵床成本。

(二)制作流程

以面积10平方米、深80厘米的发酵床,分别用山东某公司和湖北某公司生产的两种菌种为例,介绍发酵床的制作过程(仅供参考)。

1.山东某公司菌种制作发酵床

第一步:先将50千克玉米面或麸皮加入1千克固体菌种混合均匀(每平方米加入玉米面或麸皮的量为5千克)。

第二步:将第一步混合均匀的菌剂和玉米面或麸皮混合物再与1立方米的锯末、稻壳或玉米秸秆(铡碎至1厘米左右)等垫料混合均匀(垫料配方比例按自有原料情况而定)。

第三步:将第二步混合好的垫料与要填装的剩余垫料充分混合均匀,在搅拌过程中用1千克液体菌种兑水500～1000千克喷洒,使垫料湿度在60%左右(注意垫料本身含水分10%左右,一般加水量为垫料量的40%左右合适)。生产中常用的判断水分含量合适的鉴别方法是:手抓垫料用力紧捏,垫料成团,手中有水渗出的感觉,但指间无水流出,松手垫料即散。

第四步:在圈舍内将搅拌好的混合垫料集中堆成梯形(注意不要在靠墙的地方堆积),用麻袋或稻草盖上,夏天5～7天,冬天7～10天即可。一般是以测定发酵垫料的温度为标准,即垫料堆不同位置 30 厘米左右深处稳定升温至 50～70 摄氏度,且有发酵的香味和蒸汽散出时为发酵成熟。

第五步:将发酵好的垫料摊开铺平,再用预留的混合垫料(或锯末)覆盖发酵床表面,厚度约 5 厘米(为防止垫料表面起扬尘,可适当撒些水,以不起扬尘为宜),要求垫料高出水泥饲喂台 5 厘米以上,然后等待 24 小时后方可进猪。

2.应用湖北某公司生产的生物发酵床菌剂制作发酵床

第一步:在进猪前 10 天左右,将锯末、稻壳、玉米秸秆等垫料原料按配方比例混匀后装入发酵池内,装料时不必拌水。

第二步:进猪前 1 天,按发酵床每平方米加 1 千克玉米面(或麸皮)和 1 包发酵床菌剂(净含量 200 克/包),将两者充分拌匀后,加入适量的水(紧握时指缝中有水痕又不滴水,松手后即散开为宜)撒在装好的垫料层表面,并可用耙或钗等轻轻翻拨使之与表层垫料 10 厘米内相混匀铺平,然后在床面上洒少量水,要求表层至少 10 厘米垫料含水量在 45%左右 (紧握时指缝中有水痕又不滴水,松手后即散开),不起扬尘为宜。

第三步:当天或第二天直接进猪饲养,1～2 天垫料发酵产热,进入正常生产过程。

三、垫料发酵方法

生物发酵床垫料发酵常用的有堆积发酵法和直接发酵法两种。

(一)堆积发酵法

就是将垫料原料、玉米面或麸皮、菌种及水等按比例均匀混合后堆积在猪舍发酵池内或圈舍外边,用草帘等覆盖发酵 7～10 天(夏季一般为 7 天左右,冬季需 10 天以上)后,铺垫在猪舍发酵池内,24 小时后进猪的发酵床制作方法。绿康奥生态宝、活力 99、洛东酵素、大北农微生态制剂等主要采用此法制作发酵床。

(二)直接发酵法

就是先将垫料原料直接铺垫在猪舍的发酵池内(一般为进猪前 1 周左右),当要进猪时再按菌种说明要求将玉米面或麸皮、菌种等均匀混合后撒在铺好的垫料表层,并对表层约 10 厘米的垫料与菌种等翻拌,最后在表层洒上适量水,要求表层至少 10 厘米垫料含水量在 45%左右(紧握时指缝中有水痕又不滴水,松手后即散开),不起扬尘为宜,当时或第二天就可进猪的发酵床制作方法。此法主要是湖北启明生物发酵床菌剂的使用方法。

第四章　生物发酵床的
日常维护与管理

　　在饲养管理上,生物发酵床养猪与传统养猪模式没有大的区别,只是在垫料的维护管理上有一些特殊要求。也就是发酵床在养猪过程中正常发酵,保证猪的健康生长和猪排出的粪便完全分解,实现健康养猪和真正意义上的零排放、高效益。

第一节　生物发酵床正常工作的
技术指标

　　生物发酵床只有在合适的温度、湿度、酸碱度、饲养密度、气味和发酵垫料疏松不板结等条件下才能成功养猪。发酵床正常工作的温度、湿度、酸碱度、饲养密度、气味和垫料疏松度的技术指标要求如下。

一、温度指标

　　发酵床的温度包括发酵床垫料发酵成熟时的温度和正常养猪过程中的温度两个指标。通常情况下,发酵床在初期发酵成熟时的温度指标,一般是堆积发酵2～3天后核心发酵层(发酵床表层下20厘米深处)开始升温到40～50摄氏度,逐渐升温到60～70摄氏度为止,则发酵成功,发酵时间夏天为5～7天,冬天为10天以上。当垫料发酵成熟进猪正常生产后20天左右,核心发酵层的温度又逐渐下降到40摄氏度左右, 使用1个月后一直会维持在25～40摄氏度,3个月后基本维持在25～30摄氏度,属于正常温度。发酵床的表层(10厘米左右)不能发酵,也不具备发酵的条件,基本不产热。因此,无论冬夏,表层热量都是从核心发酵层传递上来的。另外,表层与外界随时都在进行热交换,加上表层含水量为30%,处于半干湿状态,所以,夏天发酵床摸上去有凉爽的感觉。发酵床最底部50厘米深处是绝对厌氧层,约有20厘米,不发酵产热,而是发酵床优质菌种的储备区。

二、湿度指标

一般情况下,发酵床总体含水量在50%左右为最好,表层垫料的含水量为30%,15厘米以下发酵层含水量应该为50%,50厘米以下发酵层含水量为60%左右,含水量过高或过低均不利于垫料的成功发酵使用。表层含水量为30%的鉴别,可以用手托一把垫料,吹一口气,没有灰尘飞起即可,同时表面看上去是湿的,颜色比纯干料要深一些;发酵层(中间层)水分含量为50%的鉴别,即用手以最大的力气捏垫料,感觉手中有点稍湿润的感觉即可。最下层(50厘米以下层)含水量为60%(水分自动流到下层,所以,下层含水量高一些)的鉴别,即用手用力捏垫料后,能够见到一点点水印从手指间印出,但不会有水往下滴。

三、pH值

发酵床中菌种多是需要中性—微碱性环境,即pH值在7.5左右最为适宜,过酸(pH<5.0)或过碱(pH>8.0)都不利于猪粪便的发酵分解。

四、饲养密度

饲养密度是影响发酵床发酵效果好坏的重要因素之一,密度过大或过小都不利于发酵床的正常发酵。一般情况下发酵床适宜的养猪密度为:体重7~30千克的猪0.4~1.2平方米/头,30~100千米的猪1.2~1.5平方米/头,产仔母猪2~2.5平方米/头。根据猪的大小和季节等变化可适当调整,如夏季可适当减小密度,以便降温,冬季适当增加密度,以利增温。

五、气味要求

正常发酵的发酵床圈舍内没有传统猪舍内刺鼻的臭味和氨气味等异味。发酵好的还有香味,蚊蝇明显少。

六、疏松度

发酵床垫料要保持一定的疏松度,即不能有整片板结和粪便沉积的死床现象出现,疏松的垫料能保证发酵床通透性好,有利于发酵床正常发酵使用。

第二节 发酵床养猪的日常维护与管理

一、发酵床日常维护

一般情况下,填充到垫料池的各种垫料原料经过发酵成熟后,需耙平整,再在表层铺设 5 厘米左右厚的未经发酵、质量好、质地柔软的垫料原料,24 小时后进猪。进猪 1 周内为观察期,主要是观察猪的排粪尿区域及活动情况, 查看猪有无生理异常现象,并调教猪尽量不集中拉撒粪便。

以后每周根据垫料湿度和发酵情况翻耙垫料 1～2 次, 就是将上层 30 厘米左右的垫料翻动疏松,若垫料太干,出现粉尘,还要向垫料表面喷洒适量水分;平时注意将猪经常活动有板结的地方用叉子翻松整平, 并将特别集中的粪便分散开来或挖坑掩埋,保持垫料的透气性和猪粪便分布的均匀度;进猪后每 50 天,大动作深翻垫料一次,尽可能地翻到底部;在特别湿的地方按垫料制作时的比例加入适量的新垫料原料。

正常使用中的垫料,应是无氨味和很少有臭味的,相对湿度在 50%左右(手握成团,摊开即散,手掌可以感觉到有水分存在,但无水珠),温度在 30 摄氏度左右,pH 为 7～8。当因其他原因造成垫料过湿而显氨气味和臭味时,可适当添加垫料原料(主要是锯末和稻壳)和少量菌种。

猪全部出栏后,最好先将发酵垫料放置干燥2～3天。并将垫料从底部反复翻弄使其均匀,看情况可以适当补充新垫料和玉米面、菌种等拌匀,调整水分,重新由四周向中心堆积成梯形,使其发酵至成熟而杀死病源微生物,制作方法和使用与新垫料发酵应用过程一样。同时,除垫料区外,对圈舍可进行全面消毒,人行过道、水泥饲喂台、料槽、饮水器等推荐使用火焰消毒和蒸汽消毒等物理消毒方法。

二、发酵床养猪日常饲养管理

生物发酵床养猪与传统养猪日常饲养管理基本一样,就是正常处理好以下工作:

(1)按程序接种好疫苗,控制疾病的发生。

(2)猪进入发酵舍前必须做好驱虫工作。

(3)进入发酵舍同一猪栏的猪必须个体大小均衡、健康。

(4)保持适当的密度,即每头猪占发酵床面积:7～30千克重的猪为0.4～1.2平方米,30～100千克重的猪为1.2～1.5平方米,产仔母猪每头2～2.5平方米。

(5)同一栋发酵床猪舍内,不同栏舍下面应相通。

(6)加强猪舍的通风换气,一般情况下猪舍窗户应该是敞开的,以利通风,带走猪舍中发酵产生的过多水分。

(7)检查猪群生长情况,把太小的猪挑出来单独饲养。

(8)发酵床养猪消毒和药物治疗保健。垫料上不得使用化学药品,因其对有益微生物具有杀伤作用,会使微生物活性降低,不利于菌种正常活动。但垫料外和舍外环境可用消毒剂进行正常的消毒,以抑制垫料外部环境中有害菌的生长、繁殖。对个别发病猪需隔离,在病猪舍用抗生素类药物治疗。

第五章　生物发酵床条件下
猪病的预防和控制

第一节　生物发酵素防控猪病的作用原理

一、生物发酵素有益菌生物学特性

生物发酵素是由光合菌群、乳酸菌群、酵母菌群、放线菌群、发酵系的丝状菌群、双歧杆菌、芽孢杆菌等 10 属 80 多种微生物复合培养而成的有益微生物群。发酵床使用的发酵素菌种是经过独特的发酵工艺,把好气性和厌气性有益微生物采用适当的比例混合培养,形成多种混合微生物群落。在发酵床垫料中,各种菌群在适宜条件下生长,并产生能够促进其他有益菌生长的有益物质,形成菌群生长的基质,建立菌群间的共生增殖关系,从而建立了复杂而稳定的微生态系统。

(一)光合菌群 (蓝细菌、原绿菌、紫色细菌和绿色细菌)

英文名:Photosynthetic bacteria abbr(PSB)。光合细菌是地球上出现最早、自然界中普遍存在、具有原始光能合成体系的原核生物,是在厌氧条件下进行不放氧光合作用的细菌的总称,是一类没有形成芽孢能力的革兰氏阴性菌,以光作为能源,能在厌氧光照或好氧黑暗条件下利用自然界中的有机物、硫化物、氨等作为供氢体兼碳源进行光合作用的微生物。

光合细菌属于独立营养微生物,菌体营养丰富,营养价值极高,含有丰富的氨基酸(蛋白质含量在 60% 以上)、辅酶 Q10、抗病毒物质、促生长因子、叶酸、B族维生素, 尤其是维生素 B_{12} 和生物素含量较高。在发酵床垫料中, 光合菌通过垫料接受光和热,分离出垫料中的硫氢和碳氢化合物中的氢,并以其中的硫化氢、二氧化碳、氮等为基质,合成

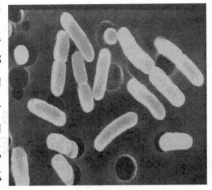

光合细菌

糖类、氨基酸类、维生素类、氮素化合物、抗病毒物质和生理活性物质等,是营养垫料的主要物质。光合细菌的代谢物质不仅可以成为其他微生物繁殖的营养成分,而且会促进其他有益微生物的增殖。同时,光合菌的营养成分和抗病毒物质,也可促进生猪生长,增强其体质,提高其抗病力。

(二)乳酸菌群(嗜酸乳杆菌、干酪乳杆菌、植物乳杆菌和罗伊氏乳杆菌)

英文名:Lactic acid bacteria。乳酸菌是指发酵糖类主要产物为乳酸的一类无芽孢、革兰氏染色阳性细菌的总称。目前至少可分为 23 个属, 共有 200 多种。除极少数外,其中绝大部分都是人体内必不可少的且具有重要生理功能的菌群, 其广泛存在于人体的肠道中。目前已被国内外生物学家所证实,肠内乳酸菌与健康长寿有着非常

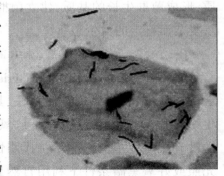

乳酸菌

密切的直接关系。乳酸菌能提高巨噬细胞的活性,并能防止肿瘤

的生长。乳酸菌不仅可以产生各种维生素(如维生素 B_1、B_2、B_6、B_{12})、烟酸和叶酸等以供机体所需,还能通过抑制某些维生素分解菌来保障维生素的供应。在发酵床应用中,以嗜酸乳杆菌为主,分解垫料中的糖类物质而形成乳酸,这些糖类物质多由光合菌和酵母菌所产生。乳酸能有效抑制有害微生物的活动,拮抗肠道内腐败菌,抑制其生长,发挥其抑菌杀菌功效。

(三)酵母菌群

英文名:Yeast。酵母菌不是分类学上的名称,是非丝状真菌。在分类学上属于子囊菌亚门、担子菌亚门和半知菌亚门。以子囊菌亚门中的酵母菌为典型代表。属单细胞真菌类微生物,酵母菌菌细胞的形态通常有球形、卵圆形、腊肠形、椭圆形、柠檬形或藕节形等。比细菌的单细胞个体要大得多,一般为(1~5)微米×(5~20)微米,工业常用的酵母菌其平均直径为 4~5 微米。酵母菌无鞭毛,不能游动。具有典型的真核细胞结构,有细胞壁、细胞膜、细胞核、细胞质、液泡、线粒体等,有的还具有微体。酵母菌在有氧和无氧的环境中都能生长,即酵母菌是兼性厌氧菌,在有氧的情况下,它把糖分解成二氧化碳和水。在有氧存在时,酵母菌生长较快。在缺氧的情况下,酵母菌把糖分解成酒精和二氧化碳。

酵母菌是人类文明史中最早被应用的微生物,在自然界分布广泛,主要生长在偏酸性的潮湿的含糖环境中,比如一些水果(葡萄、苹果、桃等)或者植物分泌物(如仙人掌的汁)。一些酵母在昆虫体内生活。而在酿酒中,它也十分重要。最常提到的酵母是酿酒酵母(也称面包酵母)(Saccharomyces cerevisiae),几千年前人类就用其发酵面包和酒类,在发酵面包和馒头的过程中面团中会放出二氧化碳。酵母菌在生物发酵素中对于促进乳酸菌、放线菌等增殖所需要的基质(食物)提供重要的营养。另外,它产生的单细胞蛋白是动物必需的营养成分。

(四)放线菌群

英文名:Actinomycetes。放线菌是原核生物的一个类群。大多数有发达的分枝菌丝,以孢子繁殖为主。菌丝纤细,宽度近于杆状细菌,0.5～1微米。可分为:营养菌丝,又称基质菌丝,主要功能是吸收营养物质,有的可产生不同的色素,是菌种鉴定的重要依据;气生菌丝,叠生于营养菌丝上,又称二级菌丝,因菌落呈放线状而得名。

放线菌

放线菌在自然界中分布广泛,分 A、B、C 三型,有较强的抵抗力,常以孢子或菌丝状态存在于土壤、空气和水中,也常寄生于动物的口腔和上呼吸道内。人类利用放线菌的分布资源及其生物学特性,可生产蛋白酶、淀粉酶和纤维素酶等各种酶制剂和维生素 B_{12}、有机酸等,目前有 70%的抗生素是由各种放线菌所产生。因此,放线菌与人类的生产活动关系相当密切,尤其在医药卫生领域的应用更为广泛。放线菌为兼性厌氧,在 10%～20%二氧化碳条件下生长茂盛。它能缓慢地发酵葡萄糖、乳糖、麦芽糖、果糖、蔗糖,产酸不产气,不发酵鼠李糖、木胶糖和葡萄糖。少数放线菌也会对人类构成危害,引起人和动植物病害,如发生于牛、羊的放线菌病等。

生物发酵床中,放线菌利用光合菌产生的氨基酸、氮素等物质作为其生长的基质,并产生各种抗生物质、维生素及酶,而这些代谢产物能够直接抑制病原菌的生长发育。在同等条件下,放线菌具有较强的活性,能提前获取营养物质,从而阻断病原微生物的增殖需求,对病原微生物而言,表现出了较强的竞争性抑制作用,并为其他有益微生物的增殖创造适宜的生存环境。同时,它还具有降解垫料中的木质素、纤维素、甲壳素等物质的作用,形成易被动物吸收的营养物质,增强动物的抵抗力和免疫力。

(五)发酵系的丝状菌群

丝状菌以曲霉菌属为主体,其菌丝是由成熟孢子在基质上萌发产生的芽管伸长形成的丝状或管状体。单一的细丝为菌丝,交织成团的为菌丝体。其中部分菌丝伸入基质中专门吸取水分和营养,即为营养菌丝;另一部分伸向空中,即为气生菌丝,发育成繁殖菌丝。在发酵床垫料中,与其他微生物共生,可增加垫料中的酯类物质,能有效清除垫料臭味,可有效防止蛆和其他害虫的发生。同时,因其菌丝的生长延伸,可使垫料膨松,增强床体透气性,防止床体板结。

(六)双歧杆菌

英文名:Bifid bacterium。双歧杆菌是 1899 年由法国学者

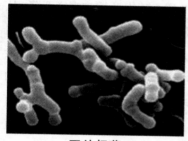

双歧杆菌

Tissier 从母乳营养儿的粪便中分离出的一种厌氧的革兰氏阳性杆菌,末端常常分叉,故名双歧杆菌。双歧杆菌是专性厌氧菌,最适生长温度 37~41 摄氏度,最低生长温度 25~28 摄氏度,最高生长温度 43~45 摄氏度。其细胞形态有短杆较规则形、纤细杆状尖细末端形、球形、长杆弯曲形、分枝或分叉形、棍棒状或匙形和聚集成星状等。双歧杆菌有 32 个亚型,可分为分叉双歧杆菌、长双歧杆菌、短双歧杆菌、青春双歧杆菌、婴儿双歧杆菌等。不抗酸,不形成芽孢,不运动。

双歧杆菌是定植于肠道内数量最大的正常生理性细菌,作为肠道的优势菌群,它既不产生内外毒素,也不产生致病性物质和有害气体。双歧杆菌存在于人体内,与人体健康密切相关,是一类

对机体健康有促进作用的代表性有益菌。微生物学家在研究肠道生理菌体外培养时发现，一些物质能显著促进双歧杆菌的生长，所以称双歧因子。包括双歧因子Ⅰ(人的初乳)、双歧因子Ⅱ(多肽及次黄嘌呤)、胡萝卜双歧因子和寡糖类双歧因子。寡糖类双歧因子是一些不同类型的低聚寡糖，机体和一些有害细菌不能利用，但能促进双歧杆菌和一些乳酸菌的生长。

双歧杆菌在肠道内的生理作用主要表现在以下几个方面：一是屏障作用。双歧杆菌的磷壁酸可紧密地与肠黏膜上皮细胞结合，较病原菌优先寄居于肠黏膜，与其他厌氧菌一起共同占据肠黏膜表面，从而有效阻止致病菌的侵入，形成生物屏障。二是营养作用。它可合成多种维生素，如硫胺素、尼克酸、吡哆醇、泛酸、叶酸、维生素 B_{12} 等。当肠道菌群失调时，机体明显表现为维生素缺乏。双歧杆菌对某些营养特制的吸收具有促进作用，因该菌和其他厌氧菌产生的酸使环境中的 pH 和 Eh(氧化还原电位)下降，从而有利于二价铁、维生素 D 及钙的吸收。三是抗肿瘤作用。肠道内某些细菌可产生致癌因子，而另外一些细菌如双歧杆菌具有清除这些致癌因子的作用，抗肿瘤的机制是细胞通过激活吞噬细胞的吞噬活性，而不具有直接的细胞毒作用。四是免疫作用。双歧杆菌活性对巨噬细胞有明显的激活作用，双歧杆菌等正常菌群的定植相当于自然自动免疫，有助于免疫系统发育。双歧杆菌无论是活菌、菌体破碎物还是发酵上清液均具有增强免疫功能的作用。五是控制内毒素血症的作用。肠道菌群失调，肠道杆菌增加，双歧杆菌减少，肠道致病菌在黏膜大量定植、增生，释放内毒素入血，形成内毒素血症。六是延缓衰老作用。肠道内发酵后食物残渣及腐败菌可产生胺类、硫化氢、吲哚等有毒物质和毒素，这些物质对器官、组织及神经细胞造成损害可引起功能障碍，导致衰老。而肠道内的双歧杆菌通过其屏障与清除作用，可减少有毒物质与毒素的产生与吸收,有利于脏器功能的正常发挥而延缓衰老。

(七)芽孢杆菌群(枯草芽孢杆菌、地衣芽孢杆菌、乳酸芽孢杆菌、纳豆芽孢杆菌等)。

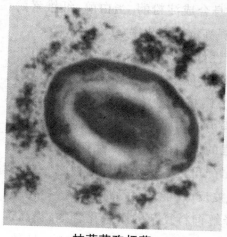

枯草芽孢杆菌

农业部 2006 年(第 658 号公告)公布饲料添加剂微生物有地衣芽孢杆菌、枯草芽孢杆菌、两歧双歧杆菌、粪肠球菌、屎肠球菌、乳酸肠球菌、嗜酸乳杆菌、干酪乳杆菌、乳酸乳杆菌、植物乳杆菌、乳酸片球菌、戊糖片球菌、产朊假丝酵母、酿酒酵母、沼泽红假单胞菌、保加利亚乳杆菌等 16 种。目前,饲用的芽孢杆菌菌种有枯草芽孢杆菌(*Bacillus subtitles*)、纳豆芽孢杆菌(*Bacillus motto*)、凝结芽孢杆菌(*Bacillus coagulants*)、缓慢芽孢杆菌(*Bacillus lentos*)、地衣芽孢杆菌(*Bacillus licheniformis*)、短小芽孢杆菌(*Bacillus pumilus*)。

枯草芽孢杆菌,革兰氏阳性需氧菌,单个细胞 (0.7~0.8)微米×(2~3)微米,有鞭毛,无荚膜,能运动。芽孢(0.6~0.9)微米×(1.0~1.5)微米,椭圆柱状,位于菌体中央或稍偏,芽孢形成后菌体不膨大。广泛分布在土壤及腐败的有机物中,易在枯草浸汁中繁殖,故名枯草芽孢杆菌。枯草芽孢杆菌可利用蛋白质、多种糖及淀粉,分解色氨酸形成吲哚。菌体在生长过程中可产生对致病菌或条件性致病菌有明显抑制作用的枯草菌素、多粘菌素、制霉菌素、短杆菌肽等活性物质;能迅速吸收和消耗消化道内的氧气,为有益厌氧菌的生长创造适宜环境,同时产生可降低肠道 pH 值的乳酸等有机酸类,对其他致病菌的生长有抑制作用;枯草芽孢杆菌可提高动物机体的免疫力,能刺激活淋巴细胞,产生免疫球蛋白,强化机体免疫功能,并且可合成多种维生素,提高体内干扰素和巨噬细胞的活性;菌体可自身合成淀粉酶、蛋白酶、纤维素酶、脂肪酶等多种消化酶,有利于提高饲料消化率。

纳豆芽孢杆菌,革兰氏阳性好氧菌,单个细胞通常为(0.7~0.8)微米×(2.0~3.0)微米,有鞭毛,能运动。芽孢椭圆形或柱状。纳豆芽孢杆菌耐热(100 摄氏度)、耐挤压、耐酸性强,在胃酸中 4 小时存活率为 100%,同时具有强力的病原菌抑制能力,其产生的抗菌物质对猪的病原菌具有更强的抑制作用;纳豆芽孢杆菌在各种益菌当中,是对环境耐受力最好、可以直达小肠的菌种之一,能调节肠道菌群,增强动物细胞免疫反应,能产生活性极强的糖化酶、脂肪酶、蛋白酶、淀粉酶,能降解饲料复杂的碳水化合物,提高饲料转化率;纳豆芽孢杆菌因好氧而产酸,能降低肠道内的 pH 值,可促进肠道对铁、钙及维生素 D 的吸收,也可合成多种维生素,维护机体的健康。

地衣芽孢杆菌是芽孢杆菌属的一种, 细胞大小 0.8 微米×(1.5~3.5)微米,细胞形态和排列呈杆状、单生,细胞内无聚-β-羟基丁酸盐颗粒,革兰氏阳性杆菌。菌落扁平,边缘不整齐,白色。为兼性厌氧菌。地衣芽孢杆菌具有独特的生物夺氧作用,也可激发机体产生抗菌活性物质,抑制致病菌的生长繁殖,甚至达到杀灭致病菌的作用。菌株能产生纤维素活性酶和半纤维素活性酶,在很短的时间内可降解稻草中的纤维素、半纤维素和木质素,同时不断产生还原糖,其含量随发酵进行不断下降,达到一定值后保持恒定。

生物发酵素中的芽孢杆菌成分杂,含量大,作用多,是极为重要的有益菌。总结其功能作用,主要表现在生物夺氧、拮抗致病微生物、改善体内外生态环境、增强动物体的免疫功能、产生营养物质和多种消化酶等方面。

发酵床菌种的选择决定着发酵床养猪的成败。菌种的配比，有效活菌含量、活性以及适应性等直接决定了生物发酵床的效果及使用年限。菌种一般由几种菌组合而成，包含分解蛋白的丝状真菌、降氮除臭的芽孢杆菌、固定碳素的光合细菌、抑制病害的放线菌、分解糖类的酵母菌、在厌氧状态下有效分解的乳酸菌等。选择菌种的代次越低越好，菌种代次越高，其传代次数越多，产生变异的概率就越高，发生退化的概率越高，分解除臭的能力就越差。这也是发酵床要定期补充菌种的重要原因之一。

益生菌在养殖过程中产生抗氧化物质，消除腐败，抑制病原菌，形成适于动植物生长的良好环境，同时，它还产生大量易为动植物吸收的有益物质，如氨基酸、有机酸、多糖类、各种维生素、各种生化酶、促生长因子、抗生素和抗病毒物质等，提高动植物的免疫功能，促进其健康生长。生物发酵素中，各类微生物相互之间按照偏利作用、协同作用、共生作用而维持其生物学特性，发挥其生物学作用，通过它们之间的相互作用促进了生物发酵床和生猪机体的物质循环、能量流动和微生态平衡。同时，有益菌与病原微生物间也依其竞争关系、拮抗作用、寄生关系和捕食关系，清除、抑制和杀灭病原微生物，维持发酵床和生猪机体的微生态平衡及生物安全，有力地保障着生猪健康。

二、有益菌在生猪体内防控疾病的作用原理

生物发酵床防控猪病是以猪肠道和猪舍环境中的微生物生态平衡为基础的。有益菌在生猪体内主要通过维持微生态平衡、增强机体免疫力两个方面来发挥控制疾病的作用。

(一)维持微生态平衡

动物体内的正常微生物群在长期进化过程中，微生物与宿主之间，微生物与微生物之间，以及微生物、宿主、环境之间呈现动

态平衡状态,形成一个相互依从、相互制约的生态系统。保持这种生态学平衡是维持宿主健康状态必不可少的条件。生物发酵素中有益菌防控疾病的生物学基础就是有益菌维持了生猪肠道内的微生物种群间的生态平衡。生猪通过采食发酵床垫料或 EM 饲料添加剂而获得有益菌,这些有益菌到达肠道后,依其各自的免疫刺激、竞争性抑制、分泌生物抗生素的生物学特性,发挥维持微生态平衡的作用。

1.维持优势种群的作用

宿主体内的正常微生物群均存在一种或数种优势种群,优势种群的丧失就意味着微生态失调。在生猪的肠道微生态系统中,厌氧菌,如双歧杆菌、拟杆菌及真杆菌等,占总数的 99% 以上,兼性厌氧菌和需氧菌不到 1%,因此肠道中的优势种群是厌氧菌。生物发酵素的主要成分就是优势种群菌株,其作用就在于恢复或补充优势种群,使失调的微生态达到新的平衡。

2.生物夺氧作用

生物发酵床应用的有益发酵菌素中,既有需氧好氧的芽孢杆菌,也有厌氧或兼性厌氧的双歧杆菌,与致病菌或内源性条件性致病菌相比,这两类有益菌都具有极其旺盛的生长增殖活性。在肠道内,以芽孢杆菌群为主的好氧菌定植黏膜后,吸收消耗大量的游离氧,使肠道内的氧分含量下降,造成有益厌氧菌适合生长的微生态环境,促进双歧杆菌等厌氧菌的生长,以此维持着肠道内的微生态平衡。而多数病原微生物属于需氧或兼性厌氧菌,当有益菌大量增殖时,肠道局部游离氧不足,造成厌氧环境,使病原微生物的增殖受到抑制,而厌氧有益菌群生长增殖,从而恢复微生态平衡,表现出有益菌因生物夺氧而达到预防和治疗疾病的目的。

3.生物拮抗作用

正常微生物群构成了机体的化学屏障和生物屏障。微生物的代谢产物如乙酸、丙酸、乳酸、抗生素和其他活性物质等,共同组成化学屏障;微生物群有序地定植于肠黏膜或细胞之间,形成生物屏障。补充微生态制剂或生猪采食发酵床垫料中的有益菌,可以重新构建机体的生物学屏障,阻止病原微生物的定植,发挥生物拮抗作用。肠道内的有益细菌(乳酸菌、双歧杆菌)和在饲料中添加的有益细菌(枯草芽孢杆菌),能在动物肠道黏膜上附着,优先排位排列,形成一道生物屏障,使致病性病原微生物难以定植。另外,有益菌分泌乳酸链球菌素、嗜酸菌素、枯草菌素、多粘菌素、制霉菌素、短杆菌肽等,这些物质具有抑制、杀灭、排斥内源性和外源性致病菌的作用,形成化学屏障,各种有益微生物竞争肠黏膜有限的营养物质,使致病菌因缺乏营养而失去生存能力,维持肠道微生态平衡。继欧盟禁止在食品和饲料中使用大多数抗生素后,许多国家通过添加益生菌、益生素、中草药等来控制肠道内有害细菌的数量和活性。刘国祥等已证实,乳酸杆菌产生的乳酸可有效地控制猪肠道内感染的沙门氏菌,维持猪体健康。

(二)提高机体免疫力

生物发酵素中的芽孢杆菌群、光合细菌等有益菌进入动物机体后,有益菌菌体或细胞壁具有抗原表位作用,可激活动物机体的免疫细胞。有益菌及部分多糖产物是良好的免疫激活剂,能刺激肠道免疫器官生长发育,激发机体产生免疫因子,发生体液免疫和细胞免疫,提高生猪抗体水平或提高巨噬细胞的活性,增强免疫功能,及时杀灭侵入生猪体内的致病菌,从而防止疾病发生。猪食入的芽孢杆菌可调整肠道菌群,维持肠道最佳微生态系统,同时其他有益菌和肠道正常菌活化肠黏膜内的相关淋巴组织,诱导T、B淋巴细胞和巨噬细胞产生细胞因子,活化全身免疫系统,提高免疫识别力,增强机体的非特异性和特异性免疫功能。断奶造成的应激严重危害仔猪的肠道健康,很大程度上降低了肠道黏膜的免疫功能。整个机体中70%以上的免疫细胞存在于肠道黏膜中,所以提高仔猪肠道黏膜的免疫功能,无论是对维护肠道健康,还是确保仔猪正常生长都至关重要。肠道中乳酸杆菌能够通过刺激黏膜免疫和系统免疫的途径来促进宿主动物的免疫力,具体表现在:明显激活肠道中巨噬细胞的吞噬作用、诱导产生干扰素、促进细胞免疫、产生抗体。光合细菌富含营养物质,其中的辅酶Q10具有保护心肌,提高心脏细胞活性,改善细胞能量供应,增强免疫,抗缺氧及细胞色素缺乏症等临床效果。光合细菌作为无毒无害的外源微生物进入动物肠道后具有刺激动物免疫系统,促进肠道蠕动,加速清除有害废物排出,吸收肠道含硫含氮有害物质等作用(见图5-1)。

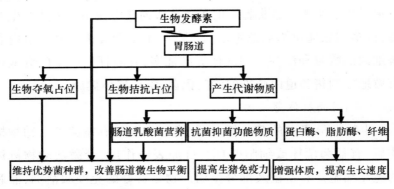

图5-1　生物发酵素在生猪胃肠道内作用机理

生物发酵素有益菌在生猪肠道内代谢可产生多种消化酶、氨基酸、维生素(维生素K、维生素C、维生素B族、泛酸、烟酸、生物素、肌醇和叶酸等)以及一些其他代谢产物等营养物质,这些营养物质被机体吸收利用,增强了机体体质,从而达到提高机体的抗病力,促进生猪的健康生长。

三、环境防控疾病的作用原理

生物发酵床养猪技术的一个显著优点是给猪创造了良好的

生产生活环境,这也是设施养殖、现代养殖、绿色生态环保养殖的重要体现。通过圈舍建造、设施配套和生物发酵床等技术的集成应用,极大地提高了生产效率和养殖效益,同时也为有效防控猪的疾病创造了良好的可控环境。在传统养猪技术中导入生物发酵床,能够更加充分地发挥环境要素防控疾病的重要作用。生物发酵床养猪中,环境防控疾病的作用原理包括三个方面:一是有益菌维持垫料微生态平衡,形成了体内外统一的微生态平衡系统;二是利用生物热抑制和杀灭病原微生物,减少和避免了病原微生物感染;三是恢复猪的习性,减少应激,提高其抗病能力。

(一)维持垫料微生态平衡,形成体内外统一的微生态平衡系统

发酵床垫料环境是一个微生态环境,是以有益细菌为绝对优势的微生态环境,就是说发酵床上的病原菌并非全部被杀死,相对于有益细菌,它们处于极弱势,并不致病,在这种情况下是安全的。

生物发酵床垫料中的微生态,各菌群间存在着弱肉强食的竞争生存关系。在相互竞争中,强者生存,弱者终因缺位、缺氧、缺养而被弱化、抑制、分解或杀灭。垫料中高浓度的有益菌优先享用粪尿中的营养成分,其活性进一步增强,增殖速度进一步加快,而处于劣势竞争地位的致病性病原微生物和条件性致病菌的增殖条件越来越缺乏。以病毒为例,大多数病毒离开宿主后,多数存活期只有几天到1个月,但这些病毒进入发酵床垫料后,病毒首先面临着30～50摄氏度的床体不适宜温度,其复制增殖受到了极大的限制。更重要的是,以有益菌为主的微生物环境的垫料,有益菌不断快速生长繁殖,乳酸、乙酸、乳酸菌素、过氧化氢、嗜酸菌素、枯草菌素、多粘菌素、制霉菌素、短杆菌肽等各种代谢产物较强的杀菌抑菌作用,使病毒的生存处于窘境之中。同时,病毒被垫料中的有益菌分泌的核糖核酸酶、蛋白酶等对病毒具有极强的分解作

用,从而使之失去感染活力,甚至被彻底杀灭。

生物发酵床垫料中存在各种各样的微生物,其生长增殖受 pH 值、温度、湿度、种群数量和代谢产物等因素的影响。因此,各种适宜的生存条件,是形成垫料微生态平衡的关键。发酵床养殖中,人们首先考虑到了生物发酵素有益菌增殖的最佳环境条件,保证有益菌的快速大量生长增殖,形成绝对优势的有益菌群;这些有益菌群通过占位作用,竞争性地争夺氧气和营养,使病原菌难以生长繁殖,从而维持发酵床垫料内以有益菌为主的安全的微生态平衡环境。这种环境条件,足以保证有益菌产生抗生素,抑制内源性和外入的病原菌的生长。如纳豆芽孢杆菌等有益菌产生的 2,6-吡啶二羧酸、杆菌肽等抗生素和有机酸(如丁酸、丙酸、戊酸),抑制了大肠杆菌、沙门氏杆菌、金黄色葡萄球菌等有害菌的生长繁殖。发酵床内有益菌成为优势菌群,成为阻挡病原菌的天然屏障,在猪的生活环境中减少了疾病传染源,有利于保持猪肠道健康,猪发病率特别是呼吸道和消化道疾病和死亡率明显降低。有资料表明,水泥地面饲养猪的死亡率是发酵床的 16.4 倍,可见发酵床养猪较为洁净和卫生,生产安全性更高。

(二)利用生物热抑制和杀灭病原微生物

发酵热可抑制有害微生物繁殖。广泛存在于土壤、水、尘埃、厩肥等环境中的一些嗜热菌生长最适温度为 50～60 摄氏度,最高温度 70～85 摄氏度;多数细菌,包括动物病原菌,最适温度为 20～38 摄氏度;大多数真菌繁殖最适温度为 25～30 摄氏度,垫料经过翻动发酵最高温度可达 70 摄氏度。进猪前将垫料堆积发酵,饲养中定期将表层翻入中间层进行高温消毒,有利于提高养殖安全。垫料有益菌素中酵母菌、芽孢杆菌等嗜热菌可利用粪尿中残留的米糠或玉米粉等营养成分进行发酵,产生大量热量,迅速提升垫料温度,有的温度可达 60 摄氏度。床体温度过高时,有益菌可生成芽孢以抵抗高温,其芽孢可以耐受 100 摄氏度,而多数病原菌则难以生存。如猪流行性腹泻病毒在 60 摄氏度条件下 30 分钟可被杀死,猪大肠杆菌 60 摄氏度条件下 15～20 分钟可被杀死,猪瘟病毒在 60 摄氏度条件下 2 小时即失去活性。

　　由以上情况可知,生物发酵床并非彻底杀灭了垫料中的病原体,而是极大地抑制和弱化了病原体,并建立一个有益菌占绝对优势的安全微生态环境。在这种环境下,强势有益菌群有效杀灭和抑制病原生物,降低传染病的发生;同时,发酵床中被弱毒化的病原毒株可以激发猪体的免疫系统,获得后天免疫功能,使其产生各种免疫抗体。所以,发酵床养猪是一种猪体获得后天免疫力的最佳环境。

　　(三)恢复自然习性,减少环境应激,提高抗病能力

　　目前普遍以全价饲料为基础,以高投入、高产出、高密度为特征的养殖模式,不断受到高发病、高死亡、高药残、低效益等因素的制约。形成这种情况的原因除了疫病防治(外因)不力之外,还有一个关键点就是忽略了动物生理和心理习性的需要,没有充分挖掘和调动动物自身保健(内因)的潜能。满足动物生理和心理习性需要,就是对动物的一种福利。拱地、啃泥、刨树根草皮、戏耍等,是猪的自然习性,无论人类如何驯化饲养,这些基因都是无法根本改变的。现代集约化高密度养猪中,猪的自然习性受到了极大限制,猪的咬尾、咬栏、避人、骚动、拱烂水泥地面及群体性攻击等心理应激的怪异行为发生频次日益增加,使管理棘手,效益低下,其实这就是对漠视猪的生理、心理福利的重要反馈。发酵床养猪,人工设置富含有益菌种的发酵床,模拟猪生存的自然环境,满足其拱、刨、翻、爬、戏等生理和心理需要,创造舒适的心理环境,减少应激行为,是回归自然养殖与现代设施养殖两种模式的有机融合,既适合千家万户中小型养殖,又适合大中型企业规模化生

产,照顾了猪的生理和心理福利,可视为"健康—优质—高效—安全—环保"的现代生态循环养殖新模式。

生猪具有拱土的遗传特性,拱土觅食是猪采食行为的一个自然习性。猪鼻子是高度发达的嗅觉器官,在拱土觅食时,可以刺激分泌消化液,增强其消化功能,还能刺激脑垂体分泌促卵泡素促进母猪的发育和发情,有利于提高猪的生产性能。2009年,加拿大Tina M. Widowski博士发表了生猪各生长阶段动物福利问题的相关论文,在生物功能、感受良好和自然生活三种相互重叠的观点中,列举了生猪的生存环境条件(密度、温度、湿度、空气质量、卫生保健)、感受良好程度(防止痛苦、恐惧、沮丧等)和自然行为方式等福利因素对生猪生理的影响。这些因素的不良状态都会对猪的生长发育和生产性能产生严重影响,同时因应激产生大量的激素而严重影响猪肉产品质量,进而影响人类的健康。

发酵床饲养更符合猪的生活特性,恢复了猪的拱食和沙浴习性,自主适量的运动有助增强猪的抗病能力,是一个发挥动物后天获得性免疫功能的极好的环境,减少发病,降低抗生素用量,有利于改善猪肉品质;在猪饲料中添加微生态制剂(EM液、饲用酶等),不仅可以抵制有害菌的生长繁殖,而且还会提高猪自身的免疫力、抗病能力和饲料利用率。

现代规模化养猪场冬季密闭保暖,猪舍内湿度相对比较大,二氧化硫、氨气等有害气体浓度较高,易造成猪呼吸系统疾病的发生。利用发酵床养猪,可优化内外环境,无异味,无臭味,空气质量明显改善。有益菌可增强机体的免疫力,提高血清 IgA、IgG 含量,可有效降低呼吸系统疾病、消化系统疾病、四肢疾病的发生。据报道,发酵床猪舍环境中的菌落总数、大肠菌群数、金黄色葡萄球菌数均少于传统猪舍,环境中致病菌减少,猪的发病减少,有利于生猪健康。随之,为防病而使用的抗生素和化学抗菌药的用量也随之减少,解决了药物残留问题,也极大地避免了环境应激现象的发生。发酵床饲养的过程中,生猪活动空间宽畅,运动量加大,摄入大量的菌体蛋白和维生素,可提高屠宰率和瘦肉率,肉品色泽明显改善,氨基酸及其他营养物质含量也有大幅度提高。

第二节　生物发酵床条件下
生猪疫病防控总则

　　生物发酵床养猪,以其高效、节能、环保、安全等多个优点集于一体的新型养殖模式,日益受到人们的青睐。发酵床养殖中,因其采用现代工艺性生产的生物发酵素,具有较好的生物拮抗、占位性抑制病原微生物的作用,同时还能提高生猪的免疫抗病能力,因此,在疫病防控方面具有显著的优势。但是,生物发酵素的疫病防控功能是有限的,更不是万能的。如果不注重疫病防控的原则,一味地依赖生物发酵素的生物特性来防控疫病,势必会造成令人痛心的疫情损失。利用环境调控原理,遵从生猪生理规律,集成防控综合措施,有效防控生猪疫病,是生物发酵床养猪必不可少的重要举措。生物发酵床养猪的疫病防控工作必须把握好以下几个方面。

一、坚持"预防为主,防重于治"的原则

　　集约化高密度的现代养猪业,生猪疫病是经济效益的头号杀手,规模养猪场疫病发生呈现出条件性疾病增多(料源性、药源性、管理性和遗传性疾病)、新的传染病增多、混合感染及继发感染普遍存在、传染病的发生规律发生改变等特点,使兽医技术人员对猪病的控制"始料不及"。2007年新修订的《中华人民共和国动物防疫法》规定,国家对动物疫病实行预防为主的方针。生物发酵床猪场的疫病预防,涉及猪场选址布局、设施设备配套、饲

养环境调控、生产工艺与饲养管理技术、饲料和营养、药物的使用等多个环节。只有在全面调查研究的基础上,分析疫病发生的各个风险因子,了解阶段性疫情态势,制定出适合本场实际的疫病防控中长期规划和近期具体方案,才能有效落实预防为主的方针。

二、健全高效防控机制

利用生物发酵素的生物学特性防控疫病,必须配以严谨、科学、规范的管理制度、操作规范和防控程序。一是制度化防控,通过建立动物防疫责任制和责任追究制、门卫管理、消毒防范、免疫接种、疫情报告、饲养管理、无害化处理等各项规章制度,并在生产实践中逐步完善,形成操作性强、疫病防控效果显著的配套制度,依靠制度保障疫病防控工作的时效性、长效性和强制性;二是规范化防控,即按照动物疫病防控计划和具体方案,参照国家或地方具体疫病的防治技术规范,对重大动物疫病如口蹄疫、高致病性蓝耳病和猪瘟等实行有的放矢地规范化防控,规避重大疫情风险;三是程序化防控,养殖场要结合本场及当地动物疫情实际,制定适合本场的免疫接种程序、消毒灭源程序和寄生虫综合驱治程序,严谨操作,提高成效。

三、强化防控技术集成

发酵床养猪中,人们采取免疫、消毒、营养、饲养、驱虫、隔离、监测、治疗等多项技术来防控动物疫病,为猪病防控发挥了重要作用,并总结出了许多宝贵经验。但是,当前动物疫情形势仍然严峻,旧的疫病死灰复燃,新的疫病不断出现,混合感染、继发感染连续不断,动物疫情日趋复杂。就其原因,并非这些防控技术措施无济于事,而是对这些技术措施的应用不力所致。每项技术在防控疫病中威力非凡,但各自着力点有所不同。如果片面采取某一项措施,单打独斗,孤军作战,只能收到片面效果,难以显现全面防控的威力。在生产中，许多养殖户一味地追求免疫效果、消毒效果，而忽视了饲养管理、营养调配，使生猪失去了生存的基本条件和生存环境，难以维持猪自身的生理需求，病原乘虚而入，疫情暴发。如果将各项技术进行集成，制定出科学严谨的集成防控方案或程序，充分发挥各项技术的威力，充分显现集成技术的合力，打出一套防控疫病的"组合拳"，全面出击，点面结合，环环相扣，不留死角，使病原微生物无隙可入。这样，疫情隐患可以消除，安全生产可以保障，预期效益可以实现，兽医工作的保驾护航职能得以充分发挥。

四、注重环境调控

环境是指大气、水源和土壤三要素构成的自然整体。对生猪来讲，它还包括场址、圈舍之间的相互关系以及饲养管理与利用方式等。可以说，与生猪生产、生存有关的一切外部条件都属于环境的范畴。设施养殖是现代养殖业的重要标志，发酵床养猪是一种新型的设施养殖，人们利用环境调控原理，通过人工布置和优化生猪生存空间，满足生猪的生理、心理需求，不仅便于饲养管理，提高生产性能，同时也有利于疾病防控。环境是防控疾病的首要因素。猪生长在适宜的环境下，机体抵抗力增强，疾病的发生率自然会降低，而不良的环境可直接导致疫病的发生和传播，也可造成环境应激性疫病的暴发，如蓝耳病、圆环病毒、链球菌病、黄白痢、副猪嗜血杆菌病、寄生虫等疾病的发生都以不良环境为先决条件。生物发酵床养猪技术，是在传统养猪环境调控的基础上，导入了微生态调控环境的新技术，将环境的宏观调控与微观调控有机结合，机体微生态的内环境与外环境有机结合，从而达到防控生猪疫病的目的。因此，注重环境调控，将环境提升为第一要素，对防控生猪疫病具有十分重要的意义。

五、维持体内外微生态平衡

维持体内外微生态平衡是生物发酵床防控疫病的主要原理。因此,在日常饲养管理中,要严格按照生物发酵床养殖技术规范,科学管理和维护好生物发酵床,以保证其功能的正常发挥。同时,适时补充和添加饲料有益菌素,维持体内外微生态平衡,达到预防疾病的目的。

六、建立基础免疫屏障

免疫接种是有效预防疫病的关键技术,更是掌握防疫工作主动权的重要举措,全面开展免疫接种将对预防疫病起到事半功倍的作用。生物发酵床养殖也不例外,要认真开展免疫预防工作,建立坚实的基础免疫屏障。生物发酵床养殖,有益菌通过竞争抑制、占位、夺氧和生物热杀灭作用,有效威胁病原微生物的生存,同时有益菌生物本身与其代谢产物可以激活免疫细胞,产生特异性和非特异性体液免疫和细胞免疫,提高机体的免疫力,可以说,生物发酵床是培植生猪健康的温床。但是生物发酵床并不是万能的,有益菌对致病菌具有杀灭和抑制作用,而对于病毒的竞争和占位抑制作用并不占优势,病毒性疫病尤其是条件性环境应激性疫病(蓝耳病、圆环病病毒病等)威胁较大。因此,对病毒病的免疫预防必不可少,并且需要强化免疫。对于细菌性疾病,原则上讲,在有条件的情况下,尽力做到能免尽免,应免尽免,以求特异性抗体,预防疾病,保健增收。

七、全程应用发酵床养殖

在国内,发酵床养猪技术起始于育肥猪,成功后才逐步推广到其他阶段的生产猪,多数则一直停留于育肥猪的发酵床养殖。就整个猪场的疾病防控而言,从母猪和公猪开始,所有阶段的猪都采用生物发酵床养殖技术,更有利于猪场的疾病防控和净化。主要有以下几个方面的原因:一是发酵床养殖可以获得多种特异性和非特异性的免疫抗体。发酵床本身是一个各种微生物的大熔炉,其中有人工添加的发酵床菌剂,有自然界存在的微生物菌株,有垫料本身带来的微生物,有空气中飘落的微生物,有动物带入圈舍的微生物,当然也有有害细菌和病毒等。发酵运作良好的发酵床,有益菌群占绝对的优势,其他有害微生物都处于被有效控制和抑制的状态,生猪体内外微生态处于平衡状态,是一个相对干净的环境,生猪不会生病。这种环境,也是一种最佳的动物获得后天性免疫功能的途径,不论是有益菌还是有害菌,都可以刺激动物获得多种有效的免疫抗体。母猪可将免疫抗体通过初乳传递给仔猪,让仔猪一上发酵床就非常适应发酵床的新环境,避免了环境应激引发疾病。让发酵床上的新生仔猪尽早吃到母体初乳也是非常重要的。二是从种猪就开始使用发酵床,可以使得整个猪场后天获得的免疫抗体保持整齐,即抗体整齐度高。生物发酵床养殖,我们配备了可控的生存圈舍,生猪既有回归自然的舒适感,又有人工设置的生物安全、优化了环境,减少了应激,提高了机体机能。此时接种疫苗,生猪可以在较短的时间内产生较高的免疫抗体,而且整齐度高,免疫效果显著。三是适当接触自然微生物菌群,对于锻炼生猪尤其是种猪的免疫功能是非常必要的。四是全程应用发酵床养殖,有利于净化生猪疫病。在可控的生物发酵环境下,环境应激性疫病日益减少,整个猪场的生物安全程度越来越高,暴发动物疫情的可能性越来越小。从种猪开始,通过疫病监测,及时发现和淘汰猪群中的体弱多病个体。在净化生猪传染病的同时,还可通过防控技术的集成应用,消毒灭源,清洁水料,杀灭蚊蝇,截断寄生虫病的传播,净化猪场的寄生虫病。

第三节　生物发酵床条件下
疾病防控技术措施

一、环境调控

发酵床养猪技术虽被称为是一种环保、安全、高效的生态养猪法,但也必须有配套环境调控技术,才能达到预期目的。

(一)场址选择与布局

场址选择与布局直接影响着存栏生猪的健康程度,直接关系到规模养殖的经济效益,意义重大。选址应本着便于生产、利于防疫的原则,选择地势平坦、干燥、背风、向阳、水源充足、水质良好、排水方便、无污染、供电和交通方便的地方。远离水源保护区、风景名胜区,以及自然保护区的核心区和缓冲区,要与铁路、高速公路、交通干线、一般道路及其他养殖场、兽医机构、畜禽屠宰厂、民区保持一定的距离,位于居民区及公共建筑群常年主导风向的下风向处。布局应本着分区规划、合理布局的原则。管理区、生产区、隔离区应严格分区,用围墙、林带、栅栏等相互隔离。按照防疫保健要求,种猪舍区与其他猪舍隔开,设在上风向,其次为母猪舍、仔猪舍,下风向为育肥舍;病猪隔离舍、治疗室、无害化处理室等设施应布置在远离猪舍的下风向地段。在规模养殖场围墙外、区内道路旁、猪舍间等植树种草,以改善规模养殖场空气,形成防护屏障。

(二)设施配套

与传统养殖相同的是,包括供水供料、通风换气、灭蝇防鼠、消毒防范等设施设备;与传统养殖不同的是,生物发酵床养猪还增加了发酵床垫料管理的设施设备,利用这些设施来调控环境的温度、湿度、空气质量等影响生猪生产的各种因素,满足不同阶段生猪生理需求的各项指标,消除应激,保障健康。

二、饲养管理

就动物卫生及防疫保健角度而言,饲养管理工作还应高度关注以下几个方面:一是制定完善的防疫管理制度,配备专职兽医技术人员,严格按免疫程序注射疫苗;二是严禁饲养其他动物,并坚持自繁自养;三是使用达到饲料卫生标准的饲草饲料,所用的添加剂、兽药、疫苗等应选择高效、安全、低毒、无污染的合格产品,不允许添加、使用国家规定禁用的饲料添加剂、兽药制剂、疫苗等,确保人畜、生态环境和动物产品的安全;四要认真做好生猪宰前休药期的管理工作,屠宰的生猪应在规定的时间内停止使用药物,确保在用药期、休药期内的生猪不进入市场;五是坚持定期和日常观察相结合的方式对生猪进行健康检查,发现疑似病猪立即隔离观察,并采取有效的防范措施;六是场内应做好防鸟、杀虫、灭鼠工作,定期进行驱虫灭害,防止害虫滋生,传播动物疫病;七是严禁外来车辆、人员入内,谢绝参观,非入不可者,必须做好消毒防护工作;八是尽量避免生猪的各种应激;九是加强发酵床垫料的管理,确保发酵素的生物活性。

三、免疫接种

免疫接种是给动物接种抗原(疫苗、类毒素)或免疫血清,激发机体产生相对的特异性抗体,使易感动物转化为不易感动物的一种手段。有计划有组织地进行免疫接种,是综合性防疫措施的一个重要组成部分。发酵床只是给猪换了一个生活环境,对养殖方法并没有做过多改变,正常的免疫程序必不可少,对发酵床也不会有任何影响。

（一）免疫接种的分类

1.预防免疫接种:为预防传染病的发生流行,平时有计划地给健康家畜群进行的免疫接种。预防接种常用疫苗,使机体产生自动免疫。

2.紧急免疫接种：当发生和流行传染病时，为迅速控制和扑灭疫病的流行，对疫区和受威胁区内尚未发病的动物进行应激性免疫接种。紧急免疫接种的目的是建立"免疫带"以包围疫区，阻止疫病向外传播，就地扑灭疫情。

3.临时免疫接种：临时为避免发生某些传染病而进行的免疫接种。如引进、外调、运输畜禽时，为避免途中或到达目的地后暴发某些传染病，而临时进行免疫接种。

(二)免疫的接种方法

免疫的接种方法主要包括注射免疫法(皮内注射法、皮下注射法、肌肉注射法)、滴鼻法和口服免疫法。

(三)免疫程序的制定

免疫是掌握防疫工作主动权的关键。制定适合本区域、本养殖场的免疫程序并非易事，其受地域、气候、季节、疫病流行情况、生产方式等诸多因素的影响。因此，每个养猪场要根据实际情况制定适合本场的免疫程序。

1.免疫对象：猪场要根据猪的不同生产阶段和用途，选择免疫的疫苗和次数。

2.疫病流行状况：在流行病学调查的基础上，针对当地和本场流行的疫病种类决定所免疫的种类、时间与次数。

3.母源抗体情况：依免疫抗体监测结果，决定适时免疫的种类和次数。当母源抗体水平高时，应延迟首次免疫的时间；当母源抗体水平低时，应提前进行免疫；当母源抗体水平高低不平衡时，要加大免疫剂量来获得较好的免疫应答。

4.疫苗之间的相互干扰：同时接种两种及两种以上疫苗，不同疫苗之间会产生干扰现象，一般接种两种疫苗应间隔7天。

5.免疫时间：根据免疫后抗体的维持时间及水平高低决定免

疫的时间。

(四)疫苗接种的技术要求

1.专人接种:养殖场应配备专职兽医防疫员,负责开展免疫接种工作,严格按照免疫操作技术规范进行规范操作,其他人员协助免疫接种。在防疫的同时做好个人防护工作。

2.疫苗检查:使用前应检查其名称、批号、有效期、物理性状等是否与说明书相符。使用疫苗最好在早晨,使用时应避免阳光照射和高温,活疫苗现用现配,一般在2小时内用完。

3.器械消毒:接种疫苗的器械要事先消毒,注射器、针头等器具应洗净煮沸30分钟后备用。注射过程中严格消毒,一猪一个针头,防止交叉感染。

4.健康检查:使用前要对猪群的健康状况进行认真检查,确保猪健康无病后方可免疫接种。

5.安全试验:若是新增设的疫苗,要先做小群试验,观察正常后才能进行整群免疫接种。

6.废弃物处理:免疫接种完毕后,将所有用过的疫苗瓶、废弃辅料及剩余的疫苗溶液等进行分类深埋或烧毁等无害化处理。

7.脱敏救治:个别猪因个体差异,在注射疫苗后会出现严重过敏反应,所以每次接种疫苗时要备好肾上腺素、地塞米松等抗过敏药物,一旦发生严重过敏反应,便立即采取脱敏救治,以免出现过敏死亡。

8.避免应激:在环境过冷、过热、湿度过大、通风不良、拥挤、饲料突然改变、运输、转群、噪声、阉割、断尾、注射治疗等应激因素的影响下,机体肾上腺皮质激素分泌增加,从而增强了对T淋巴细胞的操作作用,增强了对巨噬细胞的抑制作用,促进了IgG的分解代谢,导致猪体对抗原免疫应答能力下降,造成免疫成效不佳甚至免疫失败。因此,集约化猪场在饲养管理、防疫保健的过程中,要尽量消除或避免上述的应激源的出现或发生,全面营造适合生猪生存、生产的生活环境。同时,在应激行为发生之前,要采取一些应对措施,尽量减少应激反应,如在饲料中补充电解质和维生素,尤其是维生素 A、维生素 C、维生素 E 和复合维生素 B 等药物。

(五)建立免疫档案

养殖场必须建立自己的免疫档案,其在疫病预防、诊断和控制中起着重要作用。免疫档案的内容应该包括免疫的猪种、日龄、数量、免疫时间以及疫苗的相关信息(见表 5-1),对每个项目应当及时、真实、完整地进行记录。当免疫注射时存在不适合免疫的个别猪,或在免疫注射后出现过敏反应的现象时,应在备注栏目内详细备注。只有建立完整的免疫档案,才能避免漏免、迟免的现象发生,保证免疫质量。通过疫苗免疫信息和动物健康状况比较分析,可以帮助评价疫苗质量和免疫程序的效果,进而选择疫苗和改进免疫程序,提高免疫成效。当发生疫病时,它也是疫病诊断的重要参考依据之一。

表 5-1　养猪场免疫档案记录表

圈舍号	畜种	日龄	存栏数量	免疫时间	免疫数量	疫苗名称	生产厂家	生产批号	免疫方法	免疫剂量	免疫人员	备注

四、疫病监测

(一)疫病监测的概念及意义

疫病监测就是为保证动物、动物产品符合国家规定的动物防疫标准,由法定的机构和人员,依照法定的检验程序、方法和标准,对动物、动物产品及有关物品进行的定期或不定期检查和检测。具体说就是为了及时监测某一或某些疾病的分布动态,调查其各个影响因素,以便及时采取有效措施,最后达到控制疫病和消灭某种疫病。监测是重大动物疫病防控一项重要的基础性工作,对于掌握疫病分布情况,分析疫情发生规律,开展疫情预测预警,提高疫病防控科学性和针对性具有重要意义。

1.动物疫病监测能掌握动物疫病分布的特征和发展趋势,有助于动物疫病预防控制规划的制定, 特别是对于外来疫病的监测,能及时发现外来疫病并采取预警措施。

2.动物疫病监测能掌握动物群体特征性和影响疫病流行因素,有助于确定传染源、传播途径以及传播范围,从而预测疫病的危害程度,并制定合理的防控措施。

3.动物疫病监测是评价疫病预防控制措施实施效果、制定科学免疫程序的重要依据。

4.动物疫病监测是国家调整动物疫病防控策略、计划和制定动物疫病根除方案的基础。动物疫病监测是动物疫病预防、控制和根除的基础性工作。只有通过长期、连续、可靠的监测,才能及时准确地掌握动物疫病的发生状况和流行趋势,才能有效地实施国家动物疫病控制、根除计划,才能为动物疫病区域化管理(建立无疫区)提供有力的数据支持。

5.动物疫病监测能尽早发现疫病,及时扑灭疫情。疫病的常规监测有助于疫病发生时的早期发现, 可以随时掌握疫情动态,做到早发现、早预防、早控制、早扑灭。

(二)疫病监测的种类

1.世界监测的疫病,如疯牛病、口蹄疫、狂犬病等。

2.被检疫的疫病,如布氏杆菌病、结核病。

3.法定的传染病,《中华人民共和国动物防疫法》中规定的一、二、三类动物传染病。

4.该地危害较大的传染病,如猪瘟、蓝耳病等。

(三)疫病监测的主要方法

1.流行病学调查方法:要求调查者仔细观察,详细记载所发生的现象,以便从中探索疫病发生的条件和规律,并应根据不同的疫病采用不同的调查方法。

2.免疫学调查方法:是一种被广泛应用的调查方法,用免疫学方法进行疫病监测叫免疫监测。

3.统计学方法:上述两种调查分析,都要通过统计学技术整理后,才可了解疫病变动的规律和流行特点。在运用统计分析流行过程时,应综合考虑各种社会因素和自然因素对流行过程的影响,防止单从表面数字进行分析。

(四)疫病监测的步骤

1.收集资料:包括病案调查资料、流行或暴发报告资料、流行病学调查资料、实验室调查资料(如血清学或病原体分离资料)、畜群疫病普查资料、畜群免疫水平的调查资料和防治对策措施资料等。

2.综合评价:系统分析疫情资料,可包括确定该病的自然史,发现疫病的变化趋势,确定该病流行环节中的弱点,评价该病的防治效果,找出该病发生及流行的规律,提出预防和控制该病的措施。

3.传播信息:印发资料,可发给行政管理、计划制订、防治该病、参加监测以及其他有关人员。

(五)生物发酵床养猪场主要监测的疫病

生物发酵床养猪场主要监测的疫病应该包括猪口蹄疫、猪瘟、高致病性猪蓝耳病、猪圆环病毒病、细小病毒病等。

五、消毒灭源

消毒是利用物理、化学或生物方法杀灭或清除外界环境中的病原微生物及有害病原。以切断传播途径为手段,达到预防、控制和消灭传染病的目的。消毒是动物防疫中的一项重要工作,是预防和扑灭传染源的重要措施,在集约化养殖业迅速发展的今天,消毒工作显得尤其重要,它已成为养殖生产过程中必不可少的关键环节。另外,从社会预防医学和公共卫生学的角度来看,消毒工作也是防止和减少人畜共患病的发生和蔓延,保障人类环境卫生和人体健康的重要环节之一。

(一)消毒的种类

1.预防性消毒:是为了预防疫病的发生,在未发生传染病时,结合平时的饲养管理对畜舍、场地、周围环境、用具和饮水等进行定期消毒,以预防一般传染病发生的消毒。其特点是定期消毒。

2.随时消毒:又称紧急消毒或临时性消毒。发生传染病时,对畜舍、隔离场地、病畜的分泌物和排泄物以及可能被污染的一切场所、用具和物品进行的消毒。其特点是需要多次重复消毒,病畜舍应每天或随时进行消毒。

3.终末消毒:在病畜转移、痊愈、死亡而解除隔离后,或在疫区解除封锁前,为彻底消灭疫区内可能残留的病原微生物而进行的全面大消毒。其特点是全面彻底消毒。

(二)消毒的方法

1.物理消毒法:指用物理因素杀灭或消除病原微生物及其他有害病原的方法。其特点是作用迅速,消毒物品上不遗留有害物质。常用的物理消毒法有以下几种:

(1)机械清除:是指用清扫、洗刷、通风、过滤等机械方法清除病原微生物的方法。这是一种最普遍、最常用的方法,但机械清除不能杀灭病原体,故需配合其他消毒方法。

(2)日光照射:是利用太阳光的紫外线照射,使病原微生物灭活而达到消毒的目的。这是一种最经济、方便的方法。但光照消毒可因地区、季节、环境的影响,效果有所差异,如湿度超过50%、温度低于4摄氏度时作用减弱。

(3)紫外线灯管消毒:是人工制造的低压汞的石英气灯,将水银装入石英玻璃管内,通电后,水银气化放出紫外线。一般安装在养殖场的生产区门口的消毒室内,以照射15～20分钟为宜。

(4)干燥:制造缺水环境,抑制微生物的生长繁殖,直至致死。

(5)高温灭菌:高温对微生物有明显的致死作用,因而是一种效果确实的最常用的物理消毒法。常见的有火焰灭菌法(焚烧消毒法)、热空气灭菌法、煮沸消毒、高压蒸汽消毒、巴氏消毒法等。

2.化学消毒法:就是利用酸、碱、氯制剂、酚制剂、碘制剂和醛类等化学药物的特性来杀灭病原微生物。常用的化学消毒法有:浸洗或清洗法、浸泡法、喷洒法、熏蒸消毒法等。选择化学消毒剂时,应充分考虑其效能性、安全性、广谱性、稳定性和经济性。

3.生物消毒法:就是利用自然界广泛存在的微生物在氧化分解污物(如垫草、粪便等)时有机物所产生的大量热能来杀死病原体。如粪便、污物堆积发酵,生物发酵床垫料的发酵处理。

(三)影响消毒效果的因素

影响消毒效果的因素有很多,了解和掌握这些因素,有助于有效开展消毒工作。

1.化学消毒剂的性质:各种化学消毒剂由于其本身的化学特性和结构不同,故而其对微生物的作用方式也各不相同。有的化学消毒剂作用于细胞膜或细胞壁,改变其通透性而阻止摄取营养;有的则进入菌体内使细胞质发生改变;有的以氧化还原作用毒害菌体;碱类的则以其氢氧离子、酸类以其氢离子的解离作用阻碍菌体的正常代谢;有些则是使菌体蛋白质、酶等生物活性变性或沉淀而达到消毒的目的。由于各类化学消毒剂对病原微生物代谢过程影响的环节不同,所以它们的消毒效果也不尽一致。

2.消毒剂的浓度:在一定范围内化学消毒剂的浓度愈大,其对微生物的毒性作用也越强,但这并不意味浓度加倍,杀菌力也随之加倍。如0.5%的苯酚可抑制细菌生长而作为防腐剂,当浓度增加到2%～5%时,则呈现杀菌作用而用作消毒剂。但是消毒剂浓度的增加是有限的,超过了一定的浓度范围时,有的消毒剂的杀菌效力反而随浓度的增高而下降,如75%乙醇杀菌作用比95%的乙醇强。

3.微生物的种类:由于微生物本身形态结构及代谢方式等生物学特性的不同,其对化学消毒剂表现的反应也不同。如革兰氏阳性菌的等电点比革兰氏阴性菌低,在一定pH值下所带的负电荷较多,容易与带正电荷的离子结合,故革兰氏阳性菌较易与碱性染料阳离子、重金属盐类阳离子及去污剂结合而被灭活。细菌芽孢因有较厚的芽孢壁和芽孢膜,结构坚实,消毒剂不易渗透进去,所以芽孢对消毒剂的抵抗力比其繁殖体要强得多。

4.温度及时间:许多消毒剂在较高温度下的消毒效果比较低温度下的消毒效果要好。温度升高可以增强消毒剂的杀菌能力,并能缩短消毒时间。当温度增加10摄氏度,酚类的消毒速度可增加5倍以上;重金属盐类的杀菌力可增强2～5倍。

5.湿度:在熏蒸消毒时,湿度可作为一个环境因素而影响消毒效果。如用过氧乙酸、甲醛和高锰酸钾熏蒸消毒时,相对湿度以60%～80%为最好,湿度太低则消毒效果不良。

6.酸碱度(pH值):许多消毒剂的消毒效果受消毒环境pH值的影响。如碘制剂、酸类、来苏儿等消毒剂,在酸性环境中杀菌作用增强。新洁尔灭等在碱性环境中杀菌作用加强。

(四)消毒技术

1.消毒池消毒。猪场大门、生产区入口、各栋猪舍门口都应设消毒池。大门口消毒池长度以汽车轮周长的2倍为宜,深度为

15～20厘米,与大门口同宽。消毒药可选用2%火碱、1%菌毒敌、1:300速灭等。药液每周更换1～2次。雨过天晴后应立即更换,确保药物的有效浓度。

2.车辆消毒。进入场门的车辆除经过消毒池消毒外,还必须对车身和底盘进行高压喷雾消毒, 消毒药可用0.2%过氧乙酸或0.1%消特灵。严禁车辆(包括员工自行车、摩托车)进入生产区。外地运猪车辆一律禁止入场,装猪前车辆应严格消毒,售猪后对赶猪通道及使用过的装猪台、磅秤及时清理、冲洗、消毒。进入生产区的料车每周需彻底消毒一次。

3.人员消毒。所有人员(包括司机)进入场区大门必须进入更衣室、消毒室,有条件的要进行淋浴。更衣后进入消毒室,并经紫外线照射15分钟以上。人员出场时也应按消毒、淋浴、更衣的程序进行严格消毒。生产区门口也要设更衣、消毒室,人员出入按程序进行消毒;人员的工作服除日常在更衣室内进行紫外线照射消毒外,还需每周清洗时用化学药物消毒。严禁非工作人员出入生产区,必须进入时需经管理人员批准,并按程序严格消毒,穿戴好防护服后由工作人员引入;病猪隔离人员及剖检人员操作前后都要进行严格彻底的消毒。每栋猪舍的饲养员管理室或消毒室内应配置消毒池、消毒盆,并及时补充更换消毒液,以便出入人员及时消毒。

4.环境消毒:

(1)生产区内的垃圾实行分类贮放,并定期收集。

(2)每周清理环境,焚烧垃圾。

(3)消毒时用2%氢氧化钠,阴暗潮湿处可用生石灰。

(4)生产区道路、栋舍前后、生活区、办公区院落或门前屋后,4—10月,每10天消毒一次;11月至次年3月,每半月消毒一次。

(5)尸体剖检室或剖检场所、运送尸体的车辆及所经道路用

2%～3%火碱消毒。

5.全进全出的空栏消毒：

(1)清扫。首先对空栏舍的走廊、食槽、墙面、顶棚、水管等易集尘场地和设施进行彻底清扫,并归纳整理舍内的饲槽、用具。当有疫情发生时,必须先消毒后清扫。

(2)浸润。对地面、猪栏、食槽、风扇匣、护仔箱等进行低压喷洒,并确保其充分湿润,浸润时间不超过 30 分钟。

(3)消毒。晾干后,对舍内所有表面设备和用具消毒。

(4)复原。恢复原来栏舍内布局,并检查维修,充分做好进猪前的准备,并进行第二次消毒。

(5)进猪。进猪前一天再喷雾消毒一次。

6.带猪消毒。生态养猪并不排斥消毒措施,要求正常管理条件下,猪舍内特别是垫料范围不能直接用广谱类消毒药进行消毒,也不提倡对猪群实行带猪消毒,以保证猪舍内有足够的有益菌浓度。正常情况下,猪舍内走廊、饲喂台、墙壁等可进行消毒,垫料区实行深翻、堆积发酵,利用生物热来杀灭病原微生物。在遇到局部、地区性或全国性的大的疫病流行时,则应对发酵床面进行直接消毒。为保证床面的有益菌的含量不受消毒剂的影响,可在消毒后向床面喷洒一定量的益菌素。发酵床正常工作后,内部温度一般为 40～50 摄氏度或更高,病原微生物一般都是在低温或中温条件下生存,在发酵床高温环境下难以生存,这样更加有益于保护猪的生长发育。母猪上床前先用水将其躯体赃物冲洗干净后消毒,上床后连同产床再进行一次喷雾消毒。

7.兽医防疫人员出入猪舍消毒：

(1)每栋猪舍更衣室内要对兽医防疫人员备好专用鞋帽等防护工作用具,且不应在栋间交换共用。兽医防疫人员出入猪舍必须更衣,在消毒池进行鞋底消毒,在消毒盆内洗手消毒。

(2)兽医防疫人员在一栋猪舍工作完毕后,要做好用具消毒,以免病原传播。

8.特定消毒:

(1)猪转群或部分调动(母猪配种除外),必须将道路和需用的车辆、用具,在用前、用后分别喷雾消毒。参加人员需换消毒好的脚靴和工作服,并经紫外线照射15分钟。

(2)接产。母猪有临产征兆时,要将产床、栏架、猪的臀部及乳房洗刷干净,可用0.1%的高锰酸钾消毒。仔猪产出后要用消毒过的纱布擦净口腔黏液,实施断脐并用碘酊消毒断端。

(3)断尾、剪耳、打牙、注射。实施前后,都要用碘酊或75%的酒精棉对器械和术部进行严格消毒。

(4)手术消毒。手术部位首先要用清水洗净擦干,然后涂以5%的碘酊,待干后再用75%酒精消毒,待酒精干后方可实施手术,术后创口再涂3%碘酊。

(5)阉割。切口部位要用75%酒精消毒,待干燥后方可实施阉割,结束后再涂3%碘酊。

(6)器械消毒。手术刀、手术剪、缝合针、缝合线可用煮沸消毒,也可用75%酒精消毒,注射器用完后里外冲刷干净,然后煮沸消毒。医疗器械每次用后应及时消毒。

(7)发生传染病或传染病刚平息时,要强化消毒,增加消毒频次。

9.消毒记录。要有完整的消毒记录,记录消毒时间、圈舍号、消毒药品、使用浓度、用量、消毒对象等。

(五)消毒存在的问题

1.养殖户对消毒的重要性认识不够。认为定期消毒比较麻烦,没有把生物安全、消毒工作看成是防护工作的一项重要措施,消毒间隔时间长,没有形成制度;或只对猪舍的地面、猪圈墙进行消毒,而对其他设施设备,如饮水器、水箱、水管、料槽及周围环境、用具,消毒不扎实或很少进行消毒,留下很多死角,使得这些地方的病原微生物适时繁殖,威胁生产安全。

2.资源共享,传播疫病。人员、防护用具、卫生清扫用品不专一,舍间共用,为疫情的传播造成隐患。

3.消毒剂使用不当。有的长期使用单一消毒剂,没有定期更换;有的配制消毒剂时未按对象和规定剂量配置药液浓度,随意增减,要么过低而不能杀灭病原微生物,要么超限而造成药物浪费或产生不良效果。

4.消毒方法不合理。消毒前对猪舍没有彻底清扫和冲洗,就急于喷洒消毒药液,往往很难达到消毒效果;有的急于求成,将两种不同性质的消毒药物同时使用,药物间发生反应而降低药效。

5.所选消毒药品质量不合格。为了图便宜、省钱,常选用"三无"消毒药(无生产批号、无生产厂家、无生产日期)或过期消毒药,使用后不但没达到消毒目的,反而影响生产,造成经济损失。

(六)消毒注意事项

1.消毒前应详细阅读使用说明书,搞清消毒剂的有效成分、消毒方法和使用浓度,不注明有效成分的消毒剂不应使用。

2.消毒前应彻底清除有机污物,以保证消毒效果。

3.消毒时使用的药液量必须充足,否则达不到预期的消毒效果。

4.必须选用两种以上的消毒剂交替使用,防止产生耐药性,且不准将任意两种不同的消毒药物混合使用。

5.消毒药现配现用,搅拌均匀,并尽可能在短时间内一次用完。

6.定期、定时进行消毒效果的监测,以保证消毒效果。

7.注意人畜安全,爱护消毒用具。

(七)常用的消毒药

见表5-2。

表5-2　养猪场常用消毒药

类别	名称	作用与用途	用法与用量
酚类	来苏儿 (甲酚皂)	含甲酚50%，杀菌力强于甲酚,腐蚀性和毒性较低。主要用于猪舍、用具和排泄物的消毒	猪舍、用具的消毒浓度为3%～5%,排泄物的消毒浓度为5%～10%
	菌毒敌 (复合酚)	广谱消毒,可杀灭细菌、病毒、真菌、寄生虫卵,可抑制蚊、蝇与鼠害的滋生。用于口蹄疫、禽流感、猪瘟、蓝耳病、嗜血杆菌、大肠杆菌、喘气病、圆环病毒、多种真菌及环境消毒	畜喷雾消毒1:2000;暴发病时场地环境、用具、口蹄疫、猪水泡病消毒用1:1500。
碱类	氢氧化钠 (苛性钠或火碱)	其杀菌作用很强，对病毒、细菌、芽孢及寄生虫卵等都有杀灭作用。主要用于猪舍、污染物、道路、环境场地、器具等消毒。不能带猪消毒	2%～4%溶液可杀死病毒和繁殖型细菌,30%溶液10分钟可杀死芽孢,4%溶液45分钟可杀死芽孢
	石灰 (熟石灰或消石)	对一般细菌有效,对芽孢和结核杆菌无效。用于墙体、栏舍、地面、液体,或撒在阴湿地面、粪池周围及污水沟等处消毒	10～20份石灰加水到100份制成石灰乳进行消毒

类别	名称	作用与用途	用法与用量
氧化剂	高锰酸钾 （灰锰氧）	能杀死多种细菌和芽孢，在酸性溶液中杀菌作用增强。常用本品来加速甲醛蒸发而起到消毒作用。还可以饮水消毒，除臭和防腐	0.05%～0.1%高锰酸钾水溶液冲洗治疗口腔、子宫、阴道炎症，也可饮水消毒，预防消化道疾病
	过氧乙酸 （过醋酸）	具有快而强、抗菌谱广的杀菌特点，对细菌、病毒、芽孢、真菌等均有杀灭作用。常用于猪舍、仓库、墙壁、通道、耐酸塑料的喷雾消毒	畜舍、环境:0.1%～0.5%喷雾；熏蒸:3%～5%溶液加热，2～5毫升/立方米
卤素类	消特灵 （二氯异氰尿酸钠）	对细菌、芽孢和各种病毒均有较好的杀灭作用。用于猪舍、环境场地、屠宰场、饮水的消毒	0.5%～1%用于杀灭细菌与病毒，5%～10%用于杀灭细菌和芽孢；饮水消毒3～5克/吨
	漂白粉	对细菌、芽孢和病毒有快而强的杀灭能力，还能漂白物品。常用于栏舍、地面、粪池、排泄物、车辆、饮水等消毒	饮水消毒:1000 克/吨水中加 6～10 克漂白粉；地面:撒干粉再洒水；粪便和污水:1:5 的用量，边搅边加
	威特消毒5号 （二氯异氰尿酸钠）	对繁殖体、细菌、芽孢、病毒及真菌均有较好的杀灭作用。主要用于猪舍、畜栏、用具及饮水消毒	猪舍、环境及器具:1升水加 100～200 毫克；疫源地:1 升水加 200毫克；饮水:1 升水加 30～40 毫克
醇类	75%～95%酒精	用于杀灭细菌，不能杀死芽孢和病毒	75%的酒精主要用于皮肤、医疗器械、碘酒的脱碘等的消毒；而 95%的酒精主要用于擦紫外线灯

续表

类别	名称	作用与用途	用法与用量
表面活性剂	碘酊	能杀灭各种细菌、病毒和芽孢。用于猪舍、猪体、用具及饮水消毒	猪舍和猪体:3～9毫升/立方米,用水稀释20倍喷雾;浸泡器具用水稀释10～20倍;饮水:每升水加入10～20毫升
	百毒杀	细菌、病毒、真菌等都有较强的杀灭作用。用于饮水、猪体、器具及环境场地消毒	饮水消毒用50～100毫克/升,其他消毒用300毫克/升
	新洁尔灭(苯扎溴胺)	广谱、长效杀菌剂,杀菌力强。常用于手、皮肤、黏膜、器械等的消毒。忌与肥皂、盐类或其他合成洗涤剂同时使用,避免铝制容器	手术前洗手(0.05%～0.1%,浸泡5分钟),皮肤消毒和真菌感染:0.1%,黏膜:0.01%～0.05%,器械:0.1%的溶液煮沸15分钟后再浸泡30分钟
	聚维酮碘溶液	对细菌芽孢、真菌、病毒、原虫等具有高效杀灭作用。用于环境、皮肤、黏膜、创面清洗消毒,手术部位、器械消毒、饮水消毒等	外用:1:(1000～2000)溶液;饮水消毒:1000毫升加水2500千克;畜舍:1000毫升兑水1000千克喷洒消毒
醛类	甲醛(福尔马林)	含甲醛36%,广谱杀菌剂,能有效地杀灭细菌、病毒、寄生虫卵和幼虫及芽孢等。多用于猪舍、仓库以及器械、标本和尸体的消毒防腐	2%～5%水溶液喷洒消毒墙壁、地面、料槽及用具;畜舍熏蒸:30毫升/立方米加高锰酸钾15克,密闭熏蒸12～24小时
	速灭(戊二醛溶液)	广谱杀菌,对细菌、病毒、芽孢、结核杆菌和真菌有杀灭作用。对口蹄疫、猪瘟、炭疽、大肠杆菌等具有很强的杀灭作用。用于猪舍、器具、环境、饮水、饲料消毒	场地、环境及饲料消毒:1:(500～1000)喷雾;疫病暴发期消毒:1:(100～200)喷雾;饮水消毒:1:(2000～4000)

六、寄生虫驱治

(一)寄生虫病的经济影响

目前,寄生虫在猪场的感染十分普遍,大多呈地方性流行,严重影响养猪的经济效益。不同规模的猪场均存在较高程度的寄生虫感染。有报道证明,猪的体内寄生虫感染率为90%以上,体外寄生虫感染几乎100%。但由于大多数猪属于带虫宿主,呈现隐性感染状况,表现为亚临床症状(如猪体瘦弱、生长缓慢、死胎、饲料利用率降低、传播疾病),其造成的伤害较为缓慢,很难引起管理者的注意。

寄生虫感染对生猪产生很大影响,会降低生猪的抗病能力,干扰或阻碍生猪的生长发育,影响生产投入及收益比值,延迟出栏时间而增加日常管理费用,从而使生产成本提高,降低经济效益。同时,有的寄生虫本身携带着病原或为其他病原打开浸染机体的门户,引发一些疾病。因此,高度重视寄生虫感染,采取科学合理的防控措施,降低其危害程度,是实现养殖效益最大化的一个关键环节。

(二)寄生虫的类型

1.按寄生生活的时间长短,寄生虫分为暂时性寄生虫(如蚊)和固定性寄生虫(如螨)。

2.按寄生的部位,寄生虫分为外寄生虫(如蜱、虱)和内寄生虫(如蛔虫)。

(三)寄生虫的致病力

1.机械作用:包括寄生虫的固着、移行和在寄生部位上造成压迫、阻塞等各种机械性的影响。

2.夺取营养:寄生虫生存所需要的全部营养物质,都来源于宿主机体,与机体争夺营养,引起宿主机体的大量营养消耗。

3.毒素影响:寄生虫在宿主机体的生活过程中,虽然不如病原微生物那样产生致病力很强的毒素,但其分泌物、代谢产物以及死亡虫体的分解产物,对宿主机体都有毒害作用。

4.带入和激活病原微生物:如蜱传递脑炎病毒等。

5.变态反应:宿主机体感染寄生虫后,其代谢产物和死亡的分解产物可以致敏机体,再感染该种寄生虫后可引起变态反应。

(四)危害养猪生产的主要寄生虫

见图5-2。

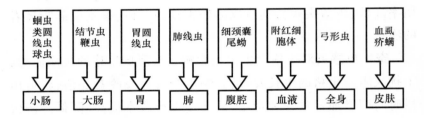

图5-2 主要寄生虫及寄生部位

(五)规模养猪场寄生虫病防治

1.防治目标:主要针对临床较为普遍存在的,又容易忽视的寄生虫感染。包括线虫、吸虫、绦虫、蜱、螨等。

2.推荐药物:选择具有广谱、高效、低毒的驱虫药物,如阿维菌素、伊维菌素、多拉菌素、左旋咪唑、阿苯哒唑、丙硫苯咪唑等,该类药物的剂型多样,有片剂、粉剂、口服液、注射液等。另外,同时可使用外用剂喷洒或清洗,如敌百虫、螨净等。临床上选用两类药物合用,主要在于它们结合后的抗虫谱已基本覆盖了动物主要寄生虫感染,减少药物使用种类及降低用药的成本,应用方便,效果确实。

3.防控关键:调控环境,确定重点,合理用药。

4.基本原则:在整体防治原则下,配合环境调控,以切断寄生虫病传播途径为预防手段,以种公猪、母猪和仔猪的寄生虫驱治为重点,综合防控,全面净化。

(1)治疗性驱虫:是对患寄生虫猪采取的紧急措施,通过治疗性驱虫使病猪恢复健康。治疗性驱虫没有时间和季节的限制,只要出现患病猪立即采取措施。

(2)预防性驱虫:是为防止寄生虫病的发生而进行的有计划的措施。根据情况随时进行预防驱虫,一般多采取每年两次驱虫,目的是防止寄生虫病的发生。

预防性驱虫根据虫卵成熟情况可分为成虫期前驱虫和成虫期驱虫。成虫期前驱虫是在虫体成熟产卵之前进行的驱虫,以保护猪的健康。

成虫期驱虫是在对虫体达到成熟时进行的驱虫。在预防寄生虫病上,成虫期前驱虫具有更大的意义,因为这种方法在寄生虫还没有产生虫卵或幼虫之前被驱除出猪体外,以防外界环境的污染。

预防性驱虫根据猪的生长繁殖情况可分为断奶后（保育猪）驱虫、育成猪驱虫、育肥猪转群前驱虫、配种前驱虫。母猪应该在配种前进行驱虫。对种公猪应保证每年最少两次的驱虫。

猪场模式为首先全群用药一次;育成猪、育肥猪转群前用药一次;公猪每年保证驱虫三次,但可根据感染程度酌情增减一次;空怀母猪、后备母猪配种前驱虫;引进猪并群前驱虫(隔离期间)。

这些防治原则,目的在于减少寄生虫的感染机会,但各场应该根据当地的寄生虫流行特点和自己的饲养方式,制定适合本场的寄生虫防治程序,同时结合环境卫生工作的治理措施,提高寄生虫病的综合防治效果。用发酵床养猪,功能微生物能将圈舍内垫料和猪粪便进行循环发酵,快速消化分解成无害的气体、营养价值高的菌体蛋白、微量元素等,所以圈舍干净清洁,生猪尤其是育肥猪感染寄生虫的机会减少;即使不慎感染寄生虫,只要选择合适的杀虫药,及时科学治疗,就能很快消除隐患。

七、药物保健

现代养猪业中,规模化、集约化程度越来越高,饲养数量和密度越来越大,随之而来的流行疫病种类日益增多,病原渐趋复杂,继发感染和混合感染普遍存在。为预防和控制疫病的发生,除了采取免疫接种、消毒灭源、寄生虫驱治、疫病监测、无害化处理、环境调控、科学管理等措施之外,有针对性地选用药物进行防病保健,也是一项不可或缺的防疫措施。合理用药,可有效清除病原微生物,抑制病原微生物的生长增殖,提高猪的机体免疫力,既可发挥保健作用,也可提高生产性能,从而提高养殖经济效益。

(一)药物保健的含义

药物保健是为保证猪群健康生长和生产而采取的有针对性的预防性用药,即应用药物预防猪群疾病而实现保健目的。所谓针对性主要包括以下几个方面:一是针对不良环境对猪群产生的各种应激而使用的抗应激药、营养类药、促生长药、益菌素类药物;二是针对潜在威胁的致病性微生物侵害而采用的抗菌、抑菌、抗病毒类药物;三是针对环境、饲料、饮水途径感染寄生虫侵害而采用的驱虫杀虫类药物。

(二)生物发酵床保健药物的选择

一要针对不同生理阶段和用药目的,有的放矢地选择药物;二要注重药物效果,选择作用效果显著、作用范围广泛、作用时间持久、低毒无残留、无耐药性的药物;三要选择对有益菌抑制作用小或可扶植有益菌增殖的药物;四要考虑经济实惠性;五要注意便捷的投药方式,选择适宜规模养殖群体投药特点,拌料、饮水投药效果显著的药物。结合上述药物选择特点,发酵床养殖中的保健药物,主要包括三个类型,即微生态制剂、细胞因子生物制剂和中草药制剂。

（三）常用的保健药物

1.细胞因子制剂：干扰素、转移因子、溶菌酶、细菌素、免疫核糖核酸、白细胞介素-4、抗菌肽等。

2.中草药制剂：黄芪多糖、甘草粉、银黄热毒清、益母生化散、清肺止咳散、消黄散、健胃散、食母生、大黄片、板蓝根、柴胡、穿心莲、鱼腥草、双黄连、金银花、连翘、大青叶、野菊花等。

3.微生态制剂：饲用酶（内源性酶，如淀粉酶、蛋白酶、脂肪酶等；外源性酶，如纤维素酶、β-葡聚糖酶和植酸酶等）、EM液、生物发酵床垫料发酵菌素等。

（四）药物保健方案

1.乳猪的药物保健

（1）乳猪常发的疾病：仔猪大肠杆菌性黄白痢，传染性胃肠炎，流行性腹泻，体内外寄生虫病，伤风感冒，消化系统、呼吸系统的普通病等。

（2）乳猪药物保健：3日龄，每头肌注1毫升牲血素、1毫升0.1%的亚硒酸钠-维生素E注射液等补铁补硒预防贫血的药物；7日龄补料时，可在饲料中添加微生态制剂，以提高消化机能，调节菌群平衡，提高饲料吸收、利用率，促进生长，增强免疫力，提高抗病力，改善饲养微生态环境。同时，可视群体健康状况，饮水加药，用电解多维400克、葡萄糖粉300克、黄芪多糖800克、加益生素80克，兑水1吨，连续饮用。

2.保育仔猪的药物保健

（1）保育仔猪常发的疾病：断奶应激病、消化不良症、副猪嗜血杆菌病、传染性胸膜肺炎、副伤寒、大肠杆菌水肿病、寄生虫病等。

（2）保育仔猪的药物保健：侧重于抗应激、抑菌、杀菌、抗病毒，与益菌素结合应用，提高其机体的免疫力和抗病力。

黄芪多糖粉 500 克、板蓝根粉 1500 克、甘草粉 150 克、益生素（100 克兑水 1 吨），拌料 1 吨用药，连续饲喂 7 天。

进入保育期后 7 天，用伊维菌素或阿力佳驱虫一次。

3.育肥猪的药物保健

（1）育肥猪的常发疾病：非典型猪瘟、猪肺疫、猪丹毒、副猪嗜血杆菌病、传染性胸膜肺炎、附红细胞体病、弓形体病、消化不良症、感冒、寄生虫病等。

（2）育肥猪药物保健：双黄连粉（金银花、黄芩、连翘等 400 克兑水 1 吨），干扰素（800 克兑水 1 吨）、益生素（100 克兑水 300 升），混合饮用 7 天。根据气候、疾病的流行情况适时添加或定期添加，每次连用 5～7 天，出栏前 15 天停止加药，也可在饲料中加微生态制剂。

4.后备母猪的药物保健

该阶段的保健与育肥猪基本相同。用伊维菌素或阿力佳在配种前 20 天需驱治寄生虫一次，有利于净化病原。

5.繁殖母猪的药物保健

（1）繁殖母猪的常发疾病主要有：消化系统、呼吸系统的普通疾病，风湿病，感冒及产科疾病（难产、胎衣不下、乳房炎），寄生虫病等。

（2）繁殖母猪的药物保健：处于生产期的母猪，由于怀孕、泌乳的生理需求，营养消耗大，机体抗病能力较差，该期的药物保健应注重补充体能，调整代谢平衡，激活免疫系统，强化免疫活性，提高抗病能力。繁殖母猪产前、产后各 7 天，于 1 吨饲料中添加多西环素（泰乐菌素）500 克、鱼腥草粉 1000 克、黄芪多糖粉 600 克，连续饲喂 7 天。个别曾有发病史者可用子母康、环丙沙星、益母生化散单另拌料服药。

与配种前用伊维菌素或阿力佳进行驱虫。

八、隔离

(一)隔离的含义

隔离是将传染源置于人为设置的特定环境中,与易感动物相隔离,使之不能直接或间接接触,切断疫病传播途径,达到预防和控制动物疫病传播的目的。

隔离是预防和控制疫情的重要措施之一,尤其是生物发酵床养猪,各种隔离工作显得更为必要。传染源、易感动物和传播途径是疫病流行的三大要素,也称为三大环节,只要能够有效控制其中一个环节,即可实现有效控制疫病流行的目的。免疫接种针对的是易感动物,消毒灭源主要针对的是病原或传染源,而隔离针对的是传播途径,能有效防止疫病的传播,对规模养殖场预防重大动物疫病非常重要。在日常防疫工作中,免疫、消毒和隔离是同等重要的技术措施,不能重此轻彼,应同等对待,集成应用,这样才能取得良好的防疫成效。

(二)隔离工作内容

1.环境隔离。包括养殖场与外界环境的相对隔离,养殖场内部功能区划间的相对隔离两个部分。养殖场要以密闭完整的围墙与外界环境进行隔离,必要时围墙外还需增设缓冲区隔离网,防止外界闲杂人员随意进出,防止其他动物流窜场内。内部隔离以隔离墙、隔离沟、防疫绿化带、专设的隔离舍或隔离区为主,使功能区间处于相对独立状态,预防疫病传播。

2.引进隔离。利用隔离舍或隔离区对引进畜在规定期限内隔离饲养,并采取严格的消毒、监测等技术措施,确认健康或无规定疫病时混群饲养。

3.人员隔离。隔离人员也包括两部分:一是严格落实门卫管理制度,严禁场外闲杂人员随意出入;二是限制场内人员随意串岗,固定工作区域,需要互助跨区作业时要严格落实消毒防范措施。

工作人员外出和返场都要严格消毒，必要时采取隔离保健措施，严防疫病传播。

4.配种隔离。种母猪和种公猪处于不同的养殖舍,各舍间可能存在不同的病原;因此,在配种前,除要对母猪和公猪进行严格消毒,还应对生产母猪于配种前后进行隔离饲养,观察其生理状况及临床表现,在配种后一切表现正常时归位饲养。

5.病猪隔离。在饲养过程中,猪发病需要药物治疗时,无论普通病还是传染病,都应及时隔离到特定的诊疗舍内进行诊疗,防止疫病传播,避免治疗药物对发酵床垫料中有益菌的影响。

九、无害化处理

动物患病死亡后,会含有大量的病原微生物,是一种特殊危险传染源。若不及时无害化处理,可能污染外界环境,造成传播,引起人畜发病。因此及时而合理地处理尸体,在防治动物传染病和维护公共卫生方面都具有重大意义。要严格落实对病死动物不准宰杀、不准食用、不准出售、不准转运、必须进行无害化处理的"四不准一处理"要求,并对疑似传染病畜禽采取隔离治疗和饲养的措施,防止动物疫病的传播和流行。

无害化处理措施主要有以下三个方面:

(1)对病死猪在无害化处理前,必须在防疫检疫机构或兽医师的指导下开展死因调查、病尸剖检、采样、送检工作,并严格按照技术操作规程在病死猪无害化处理场所进行。

(2)病残死猪的处理。所有病死猪严禁出售,严禁随意丢弃,必须及时处理。具备焚烧条件的猪场,采取焚烧炉焚烧。不具备焚烧条件的猪场,必须对病死猪按规定技术要求掩埋处理,彻底消毒,并对场所及时监管。

(3)猪场废弃物的处理。废弃物包括过期的兽药、疫苗、注射后的疫苗瓶、药瓶及生产过程中产生的其他弃物。各种废弃物一律不得随意丢弃,应根据各自的不同性质采取煮沸、焚烧、深埋等无害化处理措施,并要求填写相应的无害化处理记录表。

十、种群净化

(一)种源净化

规模化养殖种群疫病净化首先要从种源开始。不同品种的猪,受遗传基因影响,其抗病能力也不同。同时也与猪个体内源性病原微生物的携带或感染程度直接相关。因此,种猪要从祖代开始,自繁自养,健全系谱档案,跟踪抗病能力,定期开展疫病监测,及时淘汰规定疫病监测阳性结果的个体,提纯扶壮,去弱留强,选育强壮群体,防止个体中内源性疫病的蔓延和垂直传播,组建无特定疫病(SPF)猪群,建立健康基础群,净化种群。

(二)益菌素保健净化

利用有益菌的生物学特性,适时补充有益菌数量,维持以有益菌为优势菌群的内在平衡微生态,充分发挥其占位、夺氧(养)、抑制和杀灭作用,逐步净化内源性病原微生物,长期阻止外源性病原微生物入侵,实现净化疫病的目的。

(三)集成净化

疫病净化工作也要采取技术集成的措施,将免疫、消毒、驱虫、监测、隔离、淘汰、饲养管理、环境调控、应急处理等技术措施有机结合,制度化管理,规范化操作,集成化应用,坚持不懈地狠抓落实,才能取得预期效果。这些集成因素中,疫病监测显得更为关键。规模猪场的疫病按来源分类,可分为外源性疫病(病原从场外传入)和内源性疫病。有些外源性疫病一旦传入猪场,又变成了内源性疫病。从发病急缓状态而言,有些疫病是突发性的,能在短时间内给猪场造成重大的损失,而有些是慢性消耗性的,主要阻碍猪的生长和繁育,长期持续地危害猪的健康,造成的经济损失往往比突发性疫病还要大。定期开展疫病监测,是及时发现外侵内入病原的重要手段。而一旦监测出阳性个体,则应严格按照具体的防治技术规范,开展应急处理,集成应用免疫、消毒、淘汰等一系列防控技术措施。生物发酵床养猪为这些集成技术的应用提供了更好的可控环境和有利平台。

第六章 发酵床养猪效益分析

根据近年我们引进和研究、推广应用生物发酵床养猪的生产实践,生物发酵床养猪的优越性在育肥猪生产中效果显著。下面就生物发酵床与传统饲养育肥猪经济效益做一分析比较。

一、计算依据

猪舍建设 300 元/平方米,发酵床制作 100 元/平方米左右(根据不同地区和应用垫料价格差异有所不同),饲养密度育肥猪 1.2~1.5 头/平方米,全价饲料 2.4 元/千克,水费 5 元/吨,人工费 80 元/(人·天)。

二、节约成本效益(按存栏 100 头为例)

(一)初期投资

见表 6-1。

表 6-1　发酵床养猪和传统养猪初期投资比较

发酵床养猪		传统养猪		节本增加效益
投资项目	金额	投资项目	金额	(元/头)
猪舍	3.93 万元	猪舍	3.9 万元	-3.00
发酵床垫料(稻壳、锯末、作物秸秆、麸皮、菌种等)	总投资约 1.2 万元,可应用 3 年,每年 0.4 万元÷3 栏 =0.13 万元	污水管道及处理设施建设	总投资约 1.5 万元,按 6 年折旧算,每年 0.25 万元÷3 栏 =0.08 万元	-5.00

（二）育肥期养殖成本（体重达 100 千克出栏）

见表 6-2。

表 6-2　发酵床养猪和传统养猪育肥初期养殖成本比较

投资项目	发酵床养猪(万元)	传统养猪(万元)	节本增加效益(元/头)
饲料费用	4.8	5.6	80
医药费	0.08	0.2	12
人工费	0.08	0.14	6
水电费	0.02	0.08	6
污水处理费	0	0.04	4
合计	4.98	6.06	108

由表 6-1 和表 6-2 可见，发酵床养猪较传统养猪每头节约成本为：108 元+(-8)元=100 元。

三、收益对比

（一）发酵床养猪垫料收益

每平方米垫料重约 0.45 吨，按目前 300 元/吨计算，100 头育肥猪垫料收益为：0.45 吨/平方米×150 平方米×300 元/吨=20250 元，即每头猪垫料可收益 20250÷100÷3=67.50(元)。

（二）传统养猪猪粪收益

传统养猪每头育肥猪猪粪收益约 50 元。

（三）收益对比

可见，生物发酵床比传统养猪每头育肥猪总增效益为：节约成本收益+垫料收益-传统养猪猪粪收益=100 元+67.50 元-50 元=117.50 元。

附　录

1　生物发酵床养猪育肥技术操作规程

1.含义和适用范围

本规程为干旱半干旱区生物发酵床饲养育肥猪而制定,适用于同类地区的适度规模养猪场(户)。

2.适用品种

瘦肉型商品育肥猪。

3.猪舍的设计

猪舍建造采用封闭式或半开放式双列式或单列式舍,坐北朝南方位。单列式猪舍横向跨度 8 米,纵向不限(最少 5 米以上),猪舍屋檐高度 2.0~2.5 米, 房面向阳面至少 1/3 安设采光瓦或塑料膜,北墙每隔 2 米开设窗户(1.2 米×1 米),南墙每隔 1.5 米开设地窗(0.5 米×0.5 米)。封闭式舍每隔 1.5 米开设正常窗户(1.2 米×1 米),房面设天窗若干,保证圈舍内能充分采光,通风良好,冬暖夏凉,防雨水。舍内背阴处设置 1~1.5 米的人行过道,2 米宽的水泥饲喂台,水泥饲喂台有向人行过道的倾斜面。每间猪舍净宽 4 米,用铁栏隔开,猪栏高 1 米,每个饲喂台放 1~2 个自动料槽。在人行道边的猪栏适当位置安置自动饮水器(每圈 2 个),下设排水小沟,防止猪饮水时所滴漏的水流进发酵床。剩下的区域为垫料池。

每栋圈舍间距要大些,一般在 4 米以上,小型挖掘机或小型铲车可在其间行驶。

4.垫料池的设计

垫料池深度一般为80～100厘米，面积越大越好。同一栋圈舍内每间圈下面要相通，以利发酵和保养。以地下式垫料池为主，适合地下水位低、排水通畅、雨水不易渗透的地方，这种形式的地上建筑成本较低，冬夏季发酵效果相对均匀，但开挖发酵床区域的泥土和以后取垫料较费工。

5.发酵床的制作

5.1　垫料的原料和配方

5.1.1　垫料原料　锯末(吸水、保水性物质)、稻壳、玉米秸秆、小麦壳(透气性物质)、麸皮或玉米面(营养性物质)、菌种或发酵剂。

5.2.2　垫料配方　适合当地的发酵床垫料配方为：①锯末50%、稻壳20%～30%、玉米秸(2～3厘米)20%～30%；②锯末50%、稻壳25%、小麦壳15%、玉米秸(2～3厘米)10%。

5.2.3　重量计算　以80厘米深、面积1平方米发酵床需要垫料总重150千克左右准备原料。

5.2　制作流程(以面积10平方米、深80厘米发酵床为例)

第一步：先将50千克玉米面或麸皮加入1千克固体发酵剂均匀混合(每平方米加入玉米面为5千克)。

第二步：将第一步混合均匀的玉米面或麸皮再与1立方米的锯末、稻壳均匀混合。

第三步：将第二步混合好的垫料与经自然风干的锯末、稻壳、玉米秸秆(铡碎至1厘米左右)等垫料充分混合均匀(注意预留总垫料量的5%左右用于发酵完成后铺床面用)，在搅拌过程中用1千克绿康奥液体兑水500～1000千克喷洒，使垫料湿度在60%左右(垫料本身含水分10%左右，一般加水占垫料量的50%比较合适，现场实践是用手抓垫料来判断，鉴别方法：手抓用力挤压，垫料成团,手中有水的感觉,但指间无水渗出,手张开后会自动散开)。

第四步:在圈舍内将搅拌好的混合垫料集中堆成梯形(不要在靠墙的地方堆积),用麻袋或稻草盖上,夏天 5～7 天,冬天 10～15 天即可(有发酵的香味和蒸汽散出)。一般是以温度为标准,垫料 30 厘米左右深处稳定升温至 50～70 摄氏度。

第五步:将发酵好的垫料摊开铺平,再用预留的混合垫料覆盖在上面并整平,厚度约 5 厘米(为防止垫料表面起扬尘,可适当洒些水,以不起扬尘为宜),要求垫料高出水泥饲喂台 5 厘米以上,然后等待 24 小时后方可进猪。

6.日常管理

一般育肥猪导入时体重为 15 千克以上,导入前全部用广谱驱虫药物驱除寄生虫,防止将寄生虫带入发酵床,以免猪在啃食菌丝时将虫卵再次带入体内而发病。发酵床养猪总体来讲与常规养猪的日常管理相似,如防疫程序不变,圈舍周围、食槽等部位要正常消毒。但发酵床有其独特的地方,因此平时的管理也有不同的要求。

6.1　猪的饲养密度

根据发酵床的情况、季节及猪的大小,饲养密度可不同。一般以每头育肥猪占地 1.2～1.5 平方米为宜,小猪可适当增加饲养密度。为充分合理利用发酵床,夏季饲养密度以 1.2 平方米/头、冬季以 1.5 平方米/头为宜。

6.2　干湿度的控制

发酵床表面垫料湿度控制在 30%左右,床内湿度在 60%左右,舍内空气相对湿度 50%～80%为正常。发酵床表面不能过于干燥和起尘,一定的湿度有利于微生物繁殖,过于干燥还可能会导致猪发生呼吸系统疾病,可定期在床面喷洒清水调节。空气湿度过大、发酵床水分过多应打开通风窗口调节湿度,及时清除湿气。

6.3　定期翻动垫料,散开集中的猪粪

进猪 1 周后,每周根据垫料湿度、发酵和猪粪尿等情况将上层 30 厘米左右的垫料翻动松软并铺平一次。平时发现猪粪便在一个地方堆积得比较多时,把它向空地撒一撒,便于充分分解,当粪便成堆时可挖坑埋上并把比较结实的垫料翻松,把表面凹凸不平之处弄平。若垫料太干,有灰尘出现和大量粪便时,应根据垫料干湿情况,向垫料表面喷洒适量绿康奥生态宝水溶液(按 1∶100 的比例掺水),以提高垫料微生物的活力,加快对排泄物的降解、消化速度,以保证发酵能正常进行。

6.4　控制饲喂量

为利于猪拱翻发酵床觅食,猪的饲料喂量可控制在正常量的80%。

6.5　垫料的补充与大翻动

进猪一段时间后,发酵床垫料下沉多时,适当补充缺少部分,保证发酵床的厚度。如厚度减少太多(低于饲喂台 10 厘米以上),需一次性加入较多新鲜的锯末、稻壳、玉米秸秆等垫料时,则要重新拌入部分绿康奥生态宝制作。从进猪之日起每 60 天左右,大动作深翻垫料一次。

6.6　猪全部出栏后,垫料的再处理

育肥猪出栏后,最好将垫料放置干燥 2～3 天,将垫料从底部反复翻弄均匀一遍,看情况可以适当补充玉米面与菌种混合,重新堆积发酵制作,间隔 24 小时后即可再次进猪饲养。

6.7　发酵床养猪消毒和药物治疗保健

垫料上不得使用化学药品和抗生素类药物,因其对功能微生物具有杀伤作用,会使微生物活性降低,不利于菌种正常活动。但

垫料外和舍外环境可用消毒剂进行正常的消毒,以抑制垫料外部环境中有害菌的生长、繁殖。

2　生物发酵床保育猪操作规程

保育期是指刚断奶仔猪到进入育肥舍育肥前的过渡时期。在此期间,仔猪将由依靠母乳生活完全过渡到依靠饲料独立生活,在生活上有一个大的转变。该时期仔猪对环境的适应能力差,对疾病的抵抗力较弱,然而这段时间又是仔猪生长发育最快和最佳时期,因此,保育期一定要为仔猪提供一个清洁、干燥、温暖、空气新鲜的适宜生长的环境。

1.范围

本操作规程规定了发酵床保育猪的猪舍设计、垫料配制、发酵床管理、饲养管理、防疫、消毒与档案记录等要求。

本操作规程适用于生物发酵床保育猪。

2.猪舍设计

保育猪舍场址选择同育肥猪舍。保育舍建造采用封闭式或半开放式双列式舍,坐北朝南方位。房面向阳面至少 1/3 以上安设采光瓦或塑料膜。北墙每隔 2 米开设窗户(1.2 米×1 米),南墙每隔 1.5 米开设地窗(0.5 米×0.5 米),封闭式舍每隔 1.5 米开设正常窗户(1.2 米×1 米),房面设天窗若干,保证圈舍内能充分采光,通风良好,冬暖夏凉,防雨水。舍内背阴处设置 1～1.5 米的人行过道,2米宽的水泥饲喂台,水泥饲喂台有向人行过道的倾斜面。每间猪舍净宽 4 米,用铁栏隔开,猪栏高 1 米,每个饲喂台放 1～2 个自动料槽。在人行道边的猪栏适当位置安置自动饮水器（每圈 2个）,下设排水小沟,防止猪饮水时所滴漏的水流进发酵床。剩下的区域为垫料池。

3.发酵床的设计与建造

根据南北差异、地下水位的高低,发酵床可建为地上式、地下式和半地下式三种。

3.1 地上式

发酵床的垫料层位于地平面以上,适用于地下水位较高的地区及有漏粪设施的猪场改造。

3.2 地下式

发酵床的垫料层位于地平面以下,床面与地面持平,适用于地下水位较低的地区。

3.3 半地下式

发酵床适用于地下水位适中的地区,此种方法可将地下部分取出的土作为猪舍走廊、过道、平台等需要填满垫起的地上部分用土。

3.4 发酵池的深度

发酵池的深度一般60～80厘米。发酵池内四周用砖砌起,砖墙上用水泥抹面,无需抹平,起稳定和透气作用。纵向为坑道贯通式,便于垫料的装填管理。发酵池底部为自然土地面。南方地区的深度为60～70厘米,北方地区可适当加深为70～90厘米。

4.垫料制作

4.1 垫料选择

垫料选用的一般原则:原料来源广泛、供应稳定、价格低廉;主料必须为高碳原料、水分不宜过高、便于临时储存。主料有锯末、稻壳、5厘米以下碎木屑、刨花、粉碎农作物秸秆等。辅助原料有果渣、豆腐渣、酒糟、稻壳粉、麦麸、生石灰及猪粪等,辅助原料占整个垫料的比例不超过20%。

4.2 垫料的制作

垫料的制作参照发酵床育肥猪垫料制作。

4.3　垫料厚度

保育猪 40～50 厘米。

5.发酵床管理

保育栏中的发酵床管理同普通育肥猪的发酵床管理,只是相对育肥猪发酵床表层的垫料要更为干爽一些。

6.生物发酵床保育猪饲养管理

6.1　进猪前的圈舍清洁

6.1.1 保育舍实行全进全出制度　在转入保育猪之前,首先要把保育舍全面彻底地冲洗干净。包括对舍内所有栏杆、料槽、墙壁、窗户、水泥地面等进行彻底地冲洗。屋顶天花板适于水洗的一并冲洗干净,若不宜水洗也必须扫净灰尘等,同时将下水道污水排放掉,并冲洗清理干净。

6.1.2 设施检查与维修　检修栏位固定是否牢靠,料槽、保温箱等是否完好,检查每个饮水器是否通水及水压是否正常,圈舍内电路电器是否通畅安全。发现问题隐患,及时维修处理。

6.1.3 填充垫料,制作发酵床　调节舍内温湿度,保证在进猪时舍内的温度保持在保育猪最适宜的温度范围, 一般为 28～30 摄氏度,相对湿度 65%～70%,以减少因外界环境变化过大引起的应激反应。

6.2　转群与调教管理

6.2.1 转群　刚断奶的仔猪一般要在原来的圈舍内呆 1 周左右的时间再转入保育舍,即断奶采取"离母留仔"的方式,进一步提高仔猪适应陌生环境的能力。在向保育舍转群时尽量按照维持原窝同圈、大小体重相近同圈的原则进行,将个体太小和太弱的仔猪单独分群饲养。另外,转群宜选择在傍晚或夜间进行,以上做法可以有效减免混群后的咬斗和应激,有利于仔猪情绪稳定,减轻混群产生紧张不安的刺激,减少因相互咬斗而造成的伤害,有利于仔猪生长发育。在转群前后,适当投喂电解质多维有利于猪群稳定和适应环境。

6.2.2 调教刚断奶转群的仔猪　因为从产房到保育舍新的环境中,仔猪采食、睡觉、饮水、排泄尚未形成固定位置。仔猪赶进保育舍时,头几天饲养员就要调教仔猪区分睡卧区和排泄区。若有仔猪在睡卧区排泄,要及时把小猪赶到排泄区并把粪便处理干净。同时要及时翻动发酵床垫料,使粪便与垫料充分接触发酵。

6.3 饲养管理

6.3.1 喂料保育猪　一般以仔猪自由采食为主。仔猪刚进入保育舍后,继续用代乳料饲喂 1 周左右,以减少饲料成分变化引起应激,然后逐渐过渡用保育料,最好采用渐进性过渡方式。饲料要妥善保管,以保证到喂料时饲料仍然新鲜。等料槽中的饲料吃完后再加料,且每隔 3～5 天清洗一次料槽,预防料槽死角饲料发霉。同时做好饲养记录表等。

6.3.2 饮水　仔猪刚转群到保育舍时,最好供给温开水,前 3 天,每头仔猪可饮水 1 千克,4 天后饮水量会直线上升,至 10 千克体重时日饮水量可增加到 1.5～2 千克。有试验研究表明,饮水不足,猪的采食量降低,猪的生长速度可降低 20%左右。高温季节,保证猪的充足饮水尤为重要。为了缓解各种应激因素,仔猪刚断乳后通常在饮水中添加葡萄糖、钾盐、钠盐等电解质或维生素等,以提高仔猪的抵抗力。选择电解质多维要考虑水溶性,确保维生素 C 和维生素 B 的供应量达到机体所需。

6.3.3 密度　每头仔猪占圈舍面积为 0.6～1.0 平方米。密度过大,空气质量相对较差,猪易发生呼吸道疾病。

6.4 环境指标

6.4.1 保温　发酵床猪舍内,在发酵正常的情况下,冬季床体温度应可以满足保育猪的温度需要,必要时可因地制宜为仔猪舍屋顶加一层耐用的采光板,充分利用太阳辐射热,价格便宜又环保。

6.4.2 通风　氨、硫化氢等有害气体含量过高,会使猪呼吸系统的发病率升高。通风是消除保育舍内有害气体含量和增加新鲜空气含量的有效措施。但过量的通风会使保育舍内的温度急骤下降,这对仔猪也不利。保温和换气应采用较为灵活的调节方式,两者兼顾。高温则多换气,低温则先保温再换气。

6.4.3 温湿度　有资料显示,保育猪最适宜的环境温度:21～30 日龄为 28～30 摄氏度,31～40 日龄为 27～28 摄氏度,41～60 日龄为 26 摄氏度,以后温度为 24～26 摄氏度。最适宜的相对湿度为 65%～75%。保育舍内要安装温度计和湿度计,随时了解室内的温度和湿度。

6.5　疾病的预防与控制

6.5.1 卫生　及时翻动垫料,使仔猪的粪便随时发酵。湿冷的保育栏极易引起仔猪下痢,走道也尽量少用水冲洗,保持整个环境的干燥和卫生。如有潮湿,可撒些白灰。

6.5.2 消毒　发酵床体无需消毒,消毒仅包括猪舍门口、猪舍内外走道等。所有猪和人经过的地方每天进行彻底清扫。猪舍门口的消毒池内放入烧碱水,每周更换 2 次,冬天为了防止结冰冻结,可以撒食盐或使用干的生石灰进行消毒。猪转舍饲养要经过"缓冲间"消毒。注意消毒前先将猪舍清扫干净。同时消毒药要交替使用,以避免产生耐药性。

6.5.3 防疫和驱虫　做好免疫注射和驱虫工作。各种疫苗的免疫注射是养殖最重要的工作之一,注射过程中,一定要先固定好仔猪,然后选准部位注射,不同类的疫苗同时注射时要分左右两边注射,不可打飞针;每栏仔猪要挂上免疫卡,记录转栏日期、注射疫苗情况,免疫卡随猪群移动而移动。此外,不同日龄的猪群不能随意调换,以防引起免疫工作混乱。在保育舍内不要接种过多的疫苗,主要是接种猪瘟、猪伪狂犬病以及口蹄疫疫苗等。对出现过敏反应的猪将其放在空圈内,防止其他仔猪挤压和踩踏,等过一段时间即可慢慢恢复过来。若出现严重过敏反应,则肌注地塞米松或肾上腺素进行紧急抢救。驱虫主要包括驱除蛔虫、疥螨、绦虫等体内外寄生虫,驱虫时间以 35～40 日龄为宜。体内寄生虫用阿维菌素按每千克体重 0.2 毫克或左旋咪唑按每千克体重 10 毫克拌料,于早晨喂服,隔 7 天再喂一次。体外寄生虫用 12.5%的双甲脒乳剂兑水喷洒猪体。

6.6　日常观察和记录

保育舍内的饲养员要仔细观察每头猪的饮食、饮水、体温、呼吸、粪便和尿液的颜色、精神状态等。辅助兽医做好疫苗免疫、疾病治疗和不同日龄称重等常规工作,对饲料消耗情况、死亡猪的数量及耳号做好相关的记录和上报工作。对病弱仔猪最好隔离饲养,单独治疗。每天做好发酵床温度的测定并记录,以检测发酵效果,及时补充水分、垫料及菌种等。

3　干旱半干旱区生物发酵床
猪病防控技术规程

为了严控猪的疫病发生与流行,有效落实各项防疫保健技术措施,确保产品安全,最大限度地发挥生物发酵床的养殖技术优势,实现最大经济效益,更好地开展"干旱半干旱区生物发酵床育肥猪技术研究与示范"项目,根据《中华人民共和国动物防疫法》及相关法律法规,结合生物发酵床养殖实际,特制定本规程。

1.适用范围

1.1 本规程规定了生物发酵床养猪的动物防疫管理原则、基础设施建设动物卫生要求、饲养管理动物卫生要求、动物防疫技术措施等各环节应遵循的基本准则。

1.2 本规范适用于干旱半干旱区从事生物发酵床养猪的有关单位和个人。

2.动物防疫管理

2.1 生物发酵床养猪场的动物防疫是指在当地动物疫病预防控制机构和动物卫生监督机构的监督指导下,严格按照国家动物防疫法律法规、有关技术规范和标准,应用科学的动物疫病预防、控制、扑灭、净化技术和方法进行的动物防疫活动。

2.2 生物发酵床养猪场法人代表或负责人应认真组织做好各项动物防疫制度的落实工作,并接受和积极配合当地动物疫病预防控制机构及动物卫生监督机构的指导、监测和监督检查。

2.3 生物发酵床养猪场动物防疫工作应做到制度化管理、标准化配套、规范化操作、集成化应用。

2.4 生物发酵床养猪场内应建立健全岗位责任制度、生产管理制度、卫生防疫制度、调入调出报检制度、无害化处理制度、投入品使用管理制度、档案管理制度等。

2.5 场内发生疫情时,要严格按照动物疫情报告制度规定,及时上报疫情。在重大动物疫病指挥部的领导下,当地政府按照疫情级别,启动疫情应急处理预案,采取封锁、扑杀、紧急免疫、消毒灭源、无害化处理等应急处理技术措施。养殖场要无条件地服从领导,密切配合,积极行动,全力控制和扑灭疫情。

3.基础设施动物卫生要求

3.1 生物发酵床养猪场应严格按照《畜禽场场区设计技术规范》(NY/T 682—2003)、《畜禽养殖业污染防治技术规范》(HJ/T 81—2001)和《畜禽养殖业污染物排放标准》(GB 18596—2001)等规定的要求进行建设。

3.2 生物发酵床养猪场的工程布局应按照人、猪、污的顺序设计,防疫条件必须符合《动物防疫法》有关规定。在筹建前,须向当地县级畜牧兽医主管部门提出书面申请,由畜牧兽医主管部门组织动物防疫监督机构进行可行性论证,指导业主做好规划、设计。竣工后,应当向县级以上地方人民政府兽医主管部门提出申请,并附具相关材料,受理申请的兽医主管部门依据《动物防疫法》和《行政许可法》的规定进行审查,经审查合格的,发给动物防疫合格证,方可投入使用。未取得动物防疫合格证投入使用的,由动物卫生监督机构依法处理。

3.3 生物发酵床养猪场选址应本着方便生产、利于防疫的原则,选择地势平坦、干燥、背风、向阳、水源充足、水质良好、排水方便、无污染、供电和交通方便的地方。远离水源保护区、风景名胜区,以及自然保护区的核心区和缓冲区,距离铁路、高速公路、交通干线不小于 1000 米,距一般道路不小于 500 米,距其他养殖场、兽医机构、畜禽屠宰场不小于 2000 米,距居民区不小于 3000

米,并且应位于居民区及公共建筑群常年主导风向的下风向处。

3.4 生物发酵床养猪场布局应本着分区规划、合理布局的原则。生活管理区、生产区、隔离区应严格分区,用围墙、林带、栅栏等相互隔离,搞好小区绿化、美化。在围墙外、区内道路旁、猪舍间等植树种草,以改善场内空气,并形成防护屏障。

3.5 生物发酵床养猪场周围环境、空气质量应符合《畜禽场环境质量标准》(NY/T 388—1999)。生活管理区应位于场区全年主导风向的上风位或侧风位,且应在紧邻场区大门内侧集中布置。兽医室、隔离间、废弃物处理(贮粪场)等设施,应位于全年主导风向的下风处和地势最低处,且与生产区有专用通道相连,与场外有专用大门相通。场内道路、场地应平坦、坚硬,无积水,便于清洗和消毒。

3.6 生产区内根据功能不同,划分公猪舍、后备母猪舍、怀孕母猪舍、分娩舍、仔猪舍、育肥舍等若干个单元。各单元之间应有防疫隔离设施,配备统一的污水排放、清理、处理设施。猪舍应坐北朝南,坚固耐用,宽敞明亮,采光、通风、排气良好,供排水通畅,舍间距离应不少于 10 米,以利于光照、通风和换气。

3.7 猪场大门、生产区入口、各栋猪舍门口都应设消毒池和消毒室。

3.8 生产区内道路应设立污道、净道,并不能重叠和交叉。场内道路应为水泥路面。净道为管理、运送饲料用,宽 4～8 米;污道为转群、运送粪污用,宽 2～4 米。

3.9 兽医室应设置小型化验室,配备与生产规模相适应的专职兽医人员、必需的检验消毒仪器设备和疫病防治、化验、消毒等药品。

3.10 猪舍要隔热、保温、通风良好,要有良好的防鸟、防鼠设施,地面要坚实、平整,不积水、不渗透,耐酸碱。

4.饲养管理动物卫生要求

4.1 制定完善的防疫管理制度，配备有资质的专职兽医技术人员。严格程序，规范操作。

4.2 坚持自繁自养的原则，严禁从疫区购进种猪，场内禁止饲养其他动物。

4.3 饲料必须达到卫生标准，饲料添加剂、兽药、疫苗等投入品应选择高效、安全、低毒、无残留、无污染的合格产品，不允许添加使用国家规定禁用的饲料添加剂、兽药制剂、疫苗等，确保人畜、生态环境和动物产品的安全。

4.4 认真做好生猪出售前休药期的管理工作，待出售的生猪应在规定的时间内停止使用药物，未达到休药期的不得进入市场。

4.5 坚持定期检查和日常观察相结合的方式，常年开展生猪健康检查，发现疑似病例应立即隔离观察，并按具体疫病防治技术规范采取有效防范措施。

4.6 生猪饮水要清洁、卫生，质量应符合《畜禽饮用水水质标准》(NY 5027—2001)。

4.7 按照《畜禽场环境质量及卫生控制规范》(NY/T 1167—2006)规定标准，做好环境卫生和猪舍卫生的清洁工作，及时清扫粪便和污物，其污染物的无害化处理应符合《畜禽养殖业污染物排放标准》(GB 18596—2001)。

4.8 按照《畜禽标识和养殖档案管理办法》(农业部 2006 年第67 号令)要求，认真做好生猪标识和养殖档案管理工作。

5.动物防疫技术措施

生物发酵床养猪场应按照口蹄疫、猪瘟、高致病性猪蓝耳病、猪伪狂犬病等各病种防治技术规范的规定，认真落实综合防疫技术措施。

5.1　预防免疫

生物发酵床养猪,尽管生物发酵素能够利用其占位竞争抑制以及代谢功能物质杀菌和生物热杀菌的生物特性,预防病原微生物对猪体的侵袭,对生猪健康发挥着重要的保驾护航作用。但是,受种类繁多的传染源、抗病力较低的易感动物、纷繁复杂的传播途径及防疫措施的不配套等诸多因素的影响,生物发酵床的保健功能不能取代正常的防疫措施。免疫接种具有操作方便、产生效果快、作用时间长等防疫优点,是一项防疫保健的关键技术,更是一项掌握防疫主动权的关键措施。因此,在生物发酵床养猪防疫中,不但不能减弱免疫力度,而且还应更加完善免疫程序,强化免疫,配合生物发酵素的保健功能,确保生猪健康,保障生产安全。

5.1.1 生物发酵床养猪场应根据国家要求并结合当地动物疫病流行情况,制定适合本场生产实际的免疫程序,确定免疫病种,同时上报当地乡镇畜牧兽医站或县级动物疫病预防控制中心备案。

5.1.2 强制免疫所用疫苗应当由当地动物疫病预防控制机构逐级供应;非强制免疫所用疫苗由养殖场(户)到有生物制品经营资质的单位购买。

5.1.3 国家规定的强制免疫的动物疫病病种,由当地动物疫病预防控制机构提供技术指导和服务,由动物卫生监督机构实施监管,养殖场按照国家和省规定的免疫程序和技术规范开展免疫预防工作,免疫密度必须常年保持在100%,免疫抗体保护率常年维持在70%以上。

5.1.4 生物制品的管理和使用应严格按照农业部《兽用生物制品经营管理办法》执行,选用的兽药应有国家批准文号,且处于有效期内,无变色和杂质,安全,高效。

5.1.5 严格按照免疫操作规程和本场免疫程序,实施免疫接种、疫苗保存、保管、运输和销毁,并及时上报免疫进展情况。严格按照产品说明书要求进行疫苗保存、运输和使用。免疫注射时,对注射器械和注射部位要严格消毒,一猪一个针头,防止交叉感染。

5.1.6　生物发酵床养猪推荐免疫程序。

5.1.6.1　商品猪免疫程序(见附表3-1)

附表 3-1　商品猪免疫程序

免疫时间	疫苗名称及使用剂量方法
1 日龄,初乳前	猪瘟(兔源)脾淋苗,1 头份肌肉注射
7 日龄	猪气喘病灭活苗*,1 头份肌肉注射
20 日龄	猪瘟弱毒苗,1 头份肌肉注射
21 日龄	猪气喘病灭活苗*,1 头份肌肉注射
23～25 日龄	高致病性蓝耳病灭活疫苗,2 毫升肌肉注射; 猪传染性胸膜肺炎灭活疫苗*,1 头份肌肉注射; 链球菌 II 型灭活疫苗*,1 头份肌肉注射
28～35 日龄	猪口蹄疫灭活疫苗,2 毫升肌肉注射; 猪丹毒、猪肺疫二联苗*,2 头份肌肉注射; 仔猪副伤寒苗*,1 头份肌肉注射; 传染性萎缩性鼻炎灭活疫苗*,1 头份肌肉或皮下注射
55 日龄	传染性萎缩性鼻炎灭活疫苗*,1 头份肌肉或皮下注射
60 日龄	猪口蹄疫 O 型灭活苗,2 毫升肌肉注射

注:*根据本地疫病流行情况可选择进行免疫。

5.1.6.2　种公猪免疫程序(见附表3-2)。

附表 3-2 种公猪免疫程序

免疫时间	疫苗名称及使用剂量方法
每隔 4～6 个月	猪口蹄疫 O 型灭活苗,3 毫升肌肉注射
每隔 6 个月	猪瘟(兔源)脾淋苗,1 头份肌肉注射;高致病性猪繁殖与呼吸综合征灭活苗,4 毫升肌肉注射;猪伪狂犬基因缺失弱毒疫苗,1 头份肌肉注射

注:60 日龄前免疫程序同商品猪。

5.1.6.3 母猪免疫程序(见附表 3-3)。

附表 3-3 母猪免疫程序

免疫时间		疫苗及使用剂量方法
初产母猪配种前		猪瘟(兔源)脾淋苗,1 头份肌肉注射; 高致病性蓝耳病灭活疫苗,2 毫升肌肉注射; 猪细小病毒灭活苗,2 头份肌肉注射; 猪伪狂犬基因缺失弱毒疫苗,1 头份肌肉注射; 猪口蹄疫 O 型灭活苗,3 毫升肌肉注射
经产母猪	配种前	猪瘟(兔源)脾淋苗,1 头份肌肉注射; 高致病性蓝耳病灭活疫苗,2 毫升肌肉注射; 猪细小病毒灭活苗,2 头份肌肉注射; 猪口蹄疫 O 型灭活苗,3 毫升肌肉注射
	产前 15 天 产前 15 天、40 天 产前 35 天 产前 45 天	猪伪狂犬基因缺失弱毒疫苗;1 头份肌肉注射 大肠杆菌双价基因工程苗,1 头份肌肉注射 传染性萎缩性鼻炎灭活苗,2 头份皮下注射 传染性胃肠炎—流行性腹泻二联苗,2 头份肌肉注射

注:60 日龄前免疫程序同商品猪。

5.2 疫病监测

5.2.1 生物发酵床养猪场要无条件地接受各级动物疫病预防

控制机构组织的疫病监测,并积极配合采样和流行病学调查工作。要定期开展免疫抗体检测工作,评价免疫质量,以指导免疫工作。

5.2.2 口蹄疫、高致病性猪蓝耳病和猪瘟监测阳性的,对阳性及同群猪采取隔离措施,并将阳性样品送国家参考实验室和省级实验室确诊,经确诊阳性的,应在动物卫生监督机构和动物疫病预防控制机构监督下进行扑杀,并做无害化处理。

5.2.3 猪口蹄疫监测。

5.2.3.1 流行病学调查:对规模养猪场及其周围的口蹄疫疫情进行全面调查,掌握区域内的口蹄疫疫情动态。

病原学监测:包括不同年龄、品种的猪分别在初冬和初夏进行。在规模场,按存栏总数的 1%～5%无菌操作采集猪的血液,监测口蹄疫病毒或感染抗体。监测对象以种猪、后备母猪和出栏屠宰的商品猪为主,定期监测病原,掌握疫情动态。

5.2.3.2 免疫抗体监测:养殖场在按照免疫程序进行口蹄疫免疫接种后的第 28 天,采集免疫动物的血液,分离血清,监测免疫抗体,并根据免疫抗体效价的保护程度,确定必要的强化免疫措施,确保免疫预防的成功。

5.2.4 猪瘟监测。

5.2.4.1 流行病学调查:对规模养猪场及其周围的口蹄疫疫情进行全面调查,掌握区域内疫情动态。

5.2.4.2 病原学监测:对规模场的种猪、后备母猪、仔猪、商品猪和散养猪分别按 50%、100%、20%、10%和 1%的比例无菌采集血液,分离血清,进行猪瘟单克隆抗体酶联免疫吸附试验,对于猪瘟强毒抗体阳性者,再结合免疫荧光抗体试验确诊。

5.2.4.3 免疫抗体监测:每次免疫接种后第 21 天,按 5%的比例无菌采集血液,分离血清,监测抗体效价,并根据免疫抗体效价水平的保护程度,确定必要的强化免疫。

5.2.5 高致病性猪蓝耳病监测。

5.2.5.1 流行病学调查:对规模养猪场及其周围疫情进行全面调查,掌握区域内疫情动态。

5.2.5.2 根据生猪的健康状况,适时开展猪蓝耳病病原学监测。

5.2.5.3 免疫抗体监测:每次免疫接种后第 28 天,按 5%的比例无菌采集血液,分离血清,监测免疫抗体效价,并根据免疫抗体效价水平的保护程度,确定必要的强化免疫。

5.3 消毒防范

5.3.1 消毒池消毒

猪场大门、生产区入口、各栋猪舍门口都应设消毒池。大门口消毒池长度以汽车轮周长的 2 倍为宜,深度为 15～20 厘米,与大门口同宽。消毒药可选用 2%火碱、1%菌毒敌、1:300 速灭等。药液每周更换 1～2 次。雨过天晴后应立即更换,确保药物的有效浓度。

5.3.2 车辆消毒

进入场门的车辆除经过消毒池消毒外,还必须对车身和底盘进行高压喷雾消毒,消毒药可用 0.2%过氧乙酸或 0.1%消特灵。严禁车辆(包括员工自行车、摩托车)进入生产区。外地运猪车辆一律禁止入场,装猪前车辆应严格消毒,售猪后对赶猪通道及使用过的装猪台、磅秤及时清理、冲洗、消毒。进入生产区的料车每周需彻底消毒 1 次。

5.3.3 人员消毒

所有人员(包括司机)进入场区大门必须进入更衣室、消毒室,有条件的要进行淋浴。更衣后进入消毒室,并经紫外线照射 15 分钟以上。人员出场时也应按消毒、淋浴、更衣的程序进行严格消毒。生产区门口也要设更衣消毒室,人员出入按程序进行消毒。人员的工作服除日常在更衣室内进行紫外线照射消毒外,还需每周清洗时用化学药物消毒。严禁非工作人员出入生产区,必须进入时需管理人员批准,并按程序严格消毒,穿戴好防护服后由工作人员引入;病猪隔离人员及剖检人员操作前后都要进行严格彻底的消毒。每栋猪舍的饲养员管理室或消毒室内应配置消毒池、消毒盆,并及时补充更换消毒液,以便出入人员及时消毒。

5.3.4 环境消毒

生产区内的垃圾实行分类贮放,并定期收集。

每周清理环境,焚烧垃圾。

消毒时用2%氢氧化钠喷湿,阴暗潮湿处用生石灰撒布。

生产区道路、栋舍前后、生活区、办公区院落或门前屋后4—10月份,每10天消毒一次,11月至次年3月每半月消毒一次。

尸体剖检室或剖检场所、运送尸体的车辆及所经道路使用后立即用2%～3%火碱消毒。

5.3.5 全进全出的空栏消毒

清扫。首先对空栏舍的走廊、食槽、墙面、顶棚、水管等易集尘场地和设施进行彻底清扫,并归纳整理舍内的饲槽、用具。当有疫情发生时,必须先消毒后清扫。

浸润。对地面、猪栏、食槽、风扇匣、护仔箱等进行低压喷洒,并确保其充分湿润,浸润时间不超过30分钟。

消毒。晾干后,对舍内所有表面设备和用具消毒。

复原。恢复原来栏舍内布局,并检查维修,充分做好进猪前的准备,并进行第2次消毒。

进猪。进猪前一天再喷雾消毒一次。

5.3.6 带猪消毒

生态养猪并不排斥消毒措施,要求正常管理条件下,猪舍内特别是垫料范围不能直接用广谱类消毒药进行消毒,也不提倡对猪群实行带猪消毒,以保证猪舍内有足够的有益菌浓度。正常情况下,猪舍内走廊、饲喂台、墙壁等可进行消毒,垫料区实行深翻、堆积发酵,利用生物热来杀灭病原微生物。在遇到局部、地区性或全国性的大的疫病流行时,则应对发酵床面进行直接消毒。为保证床面的有益菌的含量不受消毒剂的影响,可在消毒后向床面喷洒一定量的益菌素。发酵床正常工作后,内部温度一般为 40～50 摄氏度或更高, 病原微生物一般都是在低温或中温条件下生存,它在发酵床高温环境下也难以生存,这样更加有益于保护猪的生长发育。母猪上床前先用水将其躯体赃物冲洗干净后消毒,上床后连同产床再进行一次喷雾消毒。

5.3.7 兽医防疫人员出入猪舍消毒

每栋猪舍更衣室内要专设兽医防疫人员专用防护服、鞋、帽等防护工作用具,且不应在栋间交换共用。兽医防疫人员出入猪舍时,必须更衣,并用消毒液进行鞋底和手的消毒。

兽医防疫人员在一栋猪舍工作完毕后,要按照规范对用具进行严格消毒,以免传播病原。

特定消毒。猪转群或部分转移(母猪配种除外)时,必须将道路和需用的车辆、用具,在用前、用后分别喷雾消毒。参加人员需换消毒好的脚靴和工作服,并经紫外线照射 15 分钟。

接产。母猪有临产征兆时,要将产床、栏架、猪的臀部及乳房洗刷干净,并用 0.1% 的高锰酸钾消毒。仔猪产出后要用消毒过的纱布擦净口腔黏液,规范断脐并用碘酊消毒断端。

断尾、剪耳、打牙、注射。实施前后,都要用碘酊或 75% 的酒精棉对器械和手术部位进行严格消毒。

手术消毒。首先对手术部位用清水洗净擦干, 涂以 5% 的碘酊,待干后再用 75% 的酒精脱碘消毒,待酒精干后方可实施手术,术后创口再涂 3% 碘酊。

阉割。切口部位先用 5% 碘酊消毒,再用 75% 酒精脱碘消毒,待干后方可实施阉割;结束后再涂以3%碘酊。

器械消毒。对手术所需的刀、剪、针、线可煮沸消毒,也可用75%的酒精消毒,注射器用完后里外冲刷干净,然后煮沸消毒。医疗器械每次用后应及时消毒。

5.3.8 消毒记录

要有完整的消毒记录,记录消毒时间、圈舍号、消毒药品、使用浓度、用量、消毒对象等。

5.4 寄生虫驱治

仔猪进入保育期第7天(34～37日龄),后备母猪和繁殖母猪于配种前7天、14天用多拉菌素注射液按每千克体重0.3毫克皮下注射,或用阿力佳片每千克体重0.3毫克内服进行寄生虫驱治。有体外寄生虫时,间隔7天再驱虫一次。

种公猪每年驱虫2次,每次驱虫后7天再加强1次。药物与后备母猪相同。

对后备母猪、繁殖母猪和种公猪要加强寄生虫感染程度的监测。在断奶驱虫后,每隔2个月进行粪便和皮肤的虫卵、虫体的化验室监测,查明寄生虫感染情况,并依感染监测结果指导临床驱虫工作。种猪寄生虫的监测、驱治,是生物发酵床养猪场寄生虫病防治工作的关键点,也是寄生虫病净化的关键点。

5.5 药物保健

5.5.1 乳猪的药物保健

5.5.1.1 乳猪常发疾病的种类

大肠杆菌性黄白痢、传染性胃肠炎、流行性腹泻、伪狂犬病、慢性猪瘟、消化不良症、感冒等。

5.5.1.2 保健方案

3日龄时,每头肌注牲血素1毫升及0.1%亚硒酸钠-维生素E注射液0.5毫升;或者肌注铁制剂1～2毫升(依产品说明书),防治缺铁性贫血、缺硒及预防腹泻。

7日龄补料开始，在饲料或饮水中添加微生态制剂，促进消化，调节菌群平衡，营造肠道优势菌群微生态环境，增强免疫力、抗病力，提高饲料吸收利用率，以促进其生长。

断奶前3天，肌注转移因子0.5毫升/头，或饮用电解多维400克加葡萄糖300克加黄芪多糖800克加溶菌酶80克，以兑水1吨的配比饮用12天，预防断奶时所致的断奶应激、营养应激、饲料应激及环境应激等。

5.5.2 保育猪的药物保健

5.5.2.1 保育猪常发疾病的种类

保育猪的疾病多因断奶应激引发。主要有消化不良症、副猪嗜血杆菌病、传染性胸膜肺炎、副伤寒、大肠杆菌水肿病、寄生虫病、感冒等。

5.5.2.2 药物保健方案

保育仔猪的保健药物，侧重于提高其机体的免疫力和抗病力。黄芪多糖粉500克、板蓝根粉1500克、甘草粉150克、益菌素（100克兑水1吨）、拌入1吨料中连续饲喂7天。保育期仔猪要特别注意各种因素所致的腹泻，常用食母生、小苏打、口服补液盐等调整胃肠功能，补充体液，预防脱水。

保育仔猪34～37日龄驱虫，在55日龄时监测粪便虫卵及体表虫体，并依监测结果决定二次驱虫时间，一般于转群前完成驱虫。

5.5.3 育肥猪的药物保健

5.5.3.1 育肥猪易发疾病的种类

育肥期的猪发病较少，但发病的种类较多，主要有非典型猪瘟、猪肺疫、猪丹毒、副猪嗜血杆菌病、传染性胸膜肺炎、弓形体病、消化不良症、感冒、寄生虫病等。

5.5.3.2 药物保健方案

该阶段用药以中药制剂、生物活性酶、微生态制剂为主,依猪群健康状况,适时用药,并注意休药期。常用双黄连粉(金银花、黄芩、连翘等)400克兑水1吨、干扰素(800克兑水1吨)、溶菌酶(100克兑水300升),混合饮用7天。

5.5.4 后备母猪的药物保健

该阶段的易发疫病与育肥猪基本相同,因此,保健方案也基本相似,依猪群健康状况适时用药。配种前20天需进行一次药物保健和寄生虫驱治,有利于净化病原,提高生产性能和胎儿正常生长发育。

5.5.5 生产母猪的药物保健

5.5.5.1 生产母猪常发的疾病种类

生产母猪多出现繁殖障碍性疾病,引起繁殖障碍的主要疫病有蓝耳病、伪狂犬病、细小病毒病、猪瘟、圆环病毒、乙型脑炎、支原体病等。这期间的药物保健的重点是控制好病毒性疫病的侵害,确保母仔的健康。防止子宫内膜炎、阴道炎、乳房炎的发生。

5.5.5.2 生产母猪的药物保健方案

处于生产期的母猪,由于怀孕、泌乳的生理需求,营养消耗大,机体抗病能力较差,该期的药物保健应注重补充体能,调整代谢平衡,激活免疫系统,强化免疫活性,提高抗病能力。繁殖母猪产前、产后各7天,于1吨饲料中添加多西环素(泰乐菌素)500克、鱼腥草粉1000克、黄芪多糖粉600克,连续饲喂7天。个别曾有发病史者可用子母康、环丙沙星、益母生化散单另拌料服药。

配种前用伊维菌素或阿力佳进行驱虫。

5.6 隔离

5.6.1 环境隔离

按照养殖场选址布局规划要求,建造封闭式养殖场,使其与外界环境相对隔离,有条件的应外设隔离网,作为缓冲区。内部区划也要设置空间距离隔离,建立科学合理的生产流程和相关工作制度隔离。养殖场执行"全进全出"和单向的生产流程,生猪分群、转群和出栏后,栋舍要彻底进行清扫、冲洗和消毒,及时处理发酵床床面垫料,并空舍 5～7 天,方可调入新的猪群。栋舍之间距离不应小于 10 米。场内布局应根据科学合理的生产流程确定,顺序为种猪舍、配种室、怀孕母猪舍、产仔母猪舍、断奶仔猪保育舍、育肥猪舍。各生产单位应单设,严密隔离,严禁一舍多用和交叉(逆向)操作。区域内要设置隔离墙、绿化带等设施。生产区内禁养其他动物,防止其他动物流窜到场内。断绝与疫区的往来,严禁从与饲养的生猪有关的疫区购买饲料。

5.6.2 引进隔离

引进的猪必须在隔离场或隔离区(舍)内进行 15 天以上的隔离观察,同时开展疫病监测(包括病原监测和免疫抗体监测,并依监测结果分类果断处理)、适应性观察,经观察无异常反应,确认无传染病及其他疾病后方可混群饲养。对隔离期内发现有疫病和疑似疫病的种猪要及时隔离、消毒、治疗,疑似为重大动物疫病的要及时上报,并通知原产地配合有关部门应急处理。

5.6.3 人员隔离

禁止闲杂人员随意进入场区和生产区,确因工作需要必须进入场区的人员、车辆,均应进行严格消毒。养殖场各生产单元的饲养人员之间不得随意窜舍,不得相互使用其他圈舍的用具及设备。兽医防治人员在开展免疫接种时,严格遵守生产单元间的出入消毒制度,尽量使用舍间专用防护用具。对需诊治的个例,一般在兽医室、诊疗室内开展诊疗工作。严禁场内兽医人员在场外兼职,严禁场外兽医进入生产区诊治疾病,确因工作需要从场外请进兽医的,兽医进入生产区前应更换服装鞋帽,进行严格消毒后,方可进入生产区。场内工作人员也要严格遵守进出场消毒制度，对外出后接触过疫畜或到过疫区的工作人员，入场时要严格消毒，必要时采取人员隔离措施，防止传入疫情。生猪出栏时，不允许场区外的车辆进场装车，需用本场的车辆将生猪转运到场外一定距离，再装到专门收购、运输生猪的车辆上。

5.6.4 配种隔离

在配种前，除对母猪和公猪进行严格消毒之外，还应对生产母猪于配种前后2天进行隔离饲养，观察其生理状况及临床表现，在配种后一切表现正常时归位饲养。

5.6.5 病猪隔离

在饲养过程中，猪发病需要药物治疗时，无论普通病还是传染病，都应及时隔离到特定的诊疗舍内进行诊疗，防止疫病传播，避免治疗药物对发酵床垫料中有益菌的影响。

5.7 病死猪无害化处理

5.7.1 建立健全病死猪无害化处理制度，加强对病死猪无害化处理工作的管理。

5.7.2 病死猪数量较大的，应当在动物卫生监督机构的监督下进行处理，严禁将病死猪销售、加工出售。在无害化处理前，需在防疫检疫机构或兽医的指导下开展死因调查、病尸剖检、采样、送检工作。

5.7.3 具备焚烧条件的猪场，尸体必须采取焚烧炉焚烧。不具备焚烧条件的猪场，可进行掩埋处理，要避开水源地。底层及表面应覆一层厚度大于10厘米的熟石灰，并撒覆消毒药，上覆土厚度不能少于1.5米，压实覆土。埋完后，对掩埋现场进行彻底消毒，并指定专人监管1周。

5.7.4 猪场废弃物的处理。对过期兽药、疫苗、注射后的疫苗瓶、药瓶及生产过程中产生的其他废弃物，应根据其不同性质采取煮沸、焚烧、深埋等无害化处理措施,并要求填写相应的无害化处理记录表。

5.8 种群净化

5.8.1 种源净化

结合养殖场生产经营现状,决定养殖适度规模,繁育合理结构的种猪,实行自繁自养。选留种猪,要从种群祖代开始跟踪测评主要生产性能,监测疫病,建立系谱档案,提纯扶壮,及时淘汰规定动物疫病阳性监测结果的个体和生产性能低劣的个体,防止个体中的内源性疫病的蔓延和垂直传播,组建无特定疫病(SPF)健康种猪群,持续净化种群,提高种群整体抗病能力和生产性能。

5.8.2 益菌素保健净化

坚持利用生物发酵床养猪,按照床体空间大小确定适度养殖数量,保证益菌素赖以生存的粪尿足量,定期翻动垫料,及时补充益菌素,规范发酵床垫料的维护与管理,保持旺盛的床体有益菌生物活性,维持以有益菌为优势菌种的平衡微生态,充分发挥有益菌的占位、夺氧(养)、抑制和杀灭作用,逐步消灭内源性病原微生物,长期阻止外源性病原微生物入侵,实现净化疫病的目的。

5.8.3 集成净化

以设施建设为基础,制度建设为保障,技术规范为依托,集成应用为手段,全面落实免疫、消毒、驱虫、监测、诊疗、隔离、淘汰、饲养管理、环境调控、无害化处理等技术措施,抑制内疫发生,阻断外疫传入,循序渐进地单个消灭,坚持不懈地整体净化。

参考文献

[1]甘肃农业大学.兽医微生物学[M].北京:农业出版社,1988:77.

[2]杨洁彬,李淑高,张篯,等.食品微生物学[M].北京:北京农业大学出版社,2002:57.

[3]李平兰,马长伟,王志杰,等.长双歧杆菌TTF株增强机体免疫活性研究[J].微生物学通报,2006,33(2):1-5.

[4]周映华,李秋云,陈娴,等.不同芽孢杆菌生理功能比较[J].饲料博览,2007,19:47-48.

[5]陈丽花,陈有荣,齐凤兰.纳豆芽孢杆菌的功能及其应用[J].食品工业,2001(4):39-41.

[6]燕红,杨谦,潘忠诚.一株地衣芽孢杆菌对稻草降解作用的研究[J].浙江大学学报(农业与生命科学版),2007(4):1912-1918.

[7]张国生,管业坤,赖以斌.生物发酵床养猪技术[J].江西畜牧兽医杂志,2010(6):4-10.

[8]陆承平.兽医微生物学[M].北京:中国农业出版社,2002:50-51.

[9]黄庆生,王加启.饲料乳酸菌类益生素的作用机制和应用[J].动物营养学报,2002(4):12-17.

[10]刘国祥,王文庆,申介健,等.乳酸在控制猪感染沙门氏菌中的研究[J].饲料工业,2010(15):57-60.

[11]周国勤,杜宣,吴伟.纳豆芽孢杆菌对鱼类非特异性免疫

功能的影响[J].水利渔业,2006,26(1):101-103.

[12]温建新.蜡样芽孢杆菌生物学特性和安全性的研究——加速启动对动物有益的菌群[J].中国动物保健,2008(4):51-55.

[13]马青山,余占桥,张日俊.乳酸杆菌制剂及其在维护断奶仔猪肠道健康中的应用[J].饲料工业,2010(31):10-120.

[14]王凯.乳酸菌剂对断奶仔猪肠道生理指标的影响[J].中国兽医杂志,2008(9):21-23.

[15]权小芳,马晓丰,田维熙,等.光合细菌对动物的营养作用及对动物疾病的防治作用[J].中国动物保健,2011(2):27-30.

[16]刘学剑.微生态理论与绿色饲料添加剂的开发应用[J].湖南饲料,2000 (5):2-7.

[17]陈有容,齐凤兰,陈丽花.纳豆芽孢杆菌发酵液生理功能及活性成分[J].食品工业,2003:42-44.

[18]杨艳.发酵床养猪技术优点及注意事项[J].中国畜禽种业,2010(12):54.

[19]杨晓斌,谢拥葵,韦燕鹏,等.益生菌纳豆芽孢杆菌的筛选[J].广州食品工业科技,2003(19):9-13.

[20]周映华,李秋云,陈娴,等.不同芽孢杆菌生理功能比较[J].饲料博览,2007(19):47-48.

[21]吴岐鹏.生态养猪与传统养猪对比分析[J].今日畜牧兽医,2008(9):14-15.

[22]朱洪,常志州,叶小梅,等.基于畜禽废弃物管理的发酵床技术研究:Ⅲ湿热季节养殖效果评价 [J].农业环境科学学报,2008,27(1): 354-358.

[23]刘振钦,李宏伟,王建全,等.发酵床养猪与水泥圈舍养猪效果比较[J].养殖技术顾问,2007(3): 10.

[24]林莉莉,姜雪,冯聪,等.发酵床养猪猪舍环境与猪体表微

生物分布状况的研究[J].安徽农业科学,2010,38(34):530-532

[25]华南农学院,内蒙古农牧学院.畜牧微生物学[M].北京:农业出版社,1982:36.

[26]李润藩,金鑫.生态养猪边干边看[N].农民日报,2009-08-25.

[27]孙梅,匡群,施大林,等.培养条件对纳豆芽孢杆菌芽孢形成的影响[J].饲料工业,2006,27(8):19-24.

[28]金燕飞,沈立荣,冯凤琴,等.饲用纳豆芽孢杆菌固体发酵和干燥工艺研究[J].中国粮油学报,2006,21(5):120-123.

[29]王应和,吴敏.发酵床养猪的现状与应用前景[J].中国畜牧兽医文摘,2011(1):16-18.

[30]李凯年,孟丹,孟昱.动物福利及动物福利问题背后的科学[J].中国动物保健,2010(10):1-5.

[31]王诚,张印,王怀忠,等.发酵床饲养模式对猪舍环境、生长性能、猪肉品质和血液免疫的影响[J].山东农业科学,2009(11):110-112.

[32]武英,赵德云,盛清凯,等.发酵床养猪模式是改善环境、提高猪群健康和产品安全的有效途径[J].中国动物保健,2009(5):89-92.

[33]林艺远,沈中艳.益生菌及其畜禽养殖业中的合理使用[J].江西畜牧兽医杂志,2009(1):26-28.

[34]张恒.发酵床养猪技术的利与弊[J].河北科技报,2009(7):28-16.

[35]田华,李顺荣,冯强.生物发酵床条件下育肥猪疾病控制效果观察[J].中国动物保健,2010(12):15-21.

[36]才学鹏,景志忠,邱昌庆,等.动物疫苗学[M].北京:中国农业科学技术出版社,2009:432-457.

[37]张元凯.临床兽医学[M].北京:农业出版社,1987:301-323.

[38]负洪艳,王雅杰.浅谈影响消毒剂作用的因素[J].黑龙江科技信息,2008(30):214.

[39]沈芃.季铵类消毒剂研究进展[J].医学动物防制,2005(10).

[40]王鹏,贾志阳等.隔离是规模养殖场防治重大动物疫病的关键措施[J].河南畜牧兽医,2006,27(8):43-44.